時流の先へ

トヨタの系譜

PAST, PRESENT AND FUTURE
THE GENEALOGY OF TOYOTA

中日新聞社経済部■編

中日新聞社

【上】量産開始式の当日、生産ラインから出るトヨタ自動車の燃料自動車「ミライ」＝2015年2月24日、愛知県豊田市のトヨタ自動車元町工場

【右】1936年のトヨダＡＡ型セダン（トヨタ初の量産車）＝愛知県長久手市のトヨタ博物館で

【左】国内生産1億台達成の記念式典で笑顔を見せるトヨタ自動車の首脳陣。（左から）張富士夫社長、奥田碩会長、豊田英二最高顧問、豊田章一郎名誉会長、磯村巌副会長＝1999年10月、愛知県豊田市のトヨタ自動車元町工場で（肩書は当時）

【上】米下院公聴会の証言席に着席するトヨタ自動車の豊田章男社長（中央上、壇上からの撮影）＝2010年2月24日、米ワシントンで（AP）
【右】ライン上につり下がる電光掲示の「アンドン」。作業者が点灯させ異常を知らせる＝愛知県豊田市のトヨタ自動車元町工場で
【下】GMとの合弁契約の際に豊田英二氏が使用したボールペン。2009年夏、合弁解消の相談に訪れた豊田章男社長に手渡した＝名古屋市西区の産業技術記念館

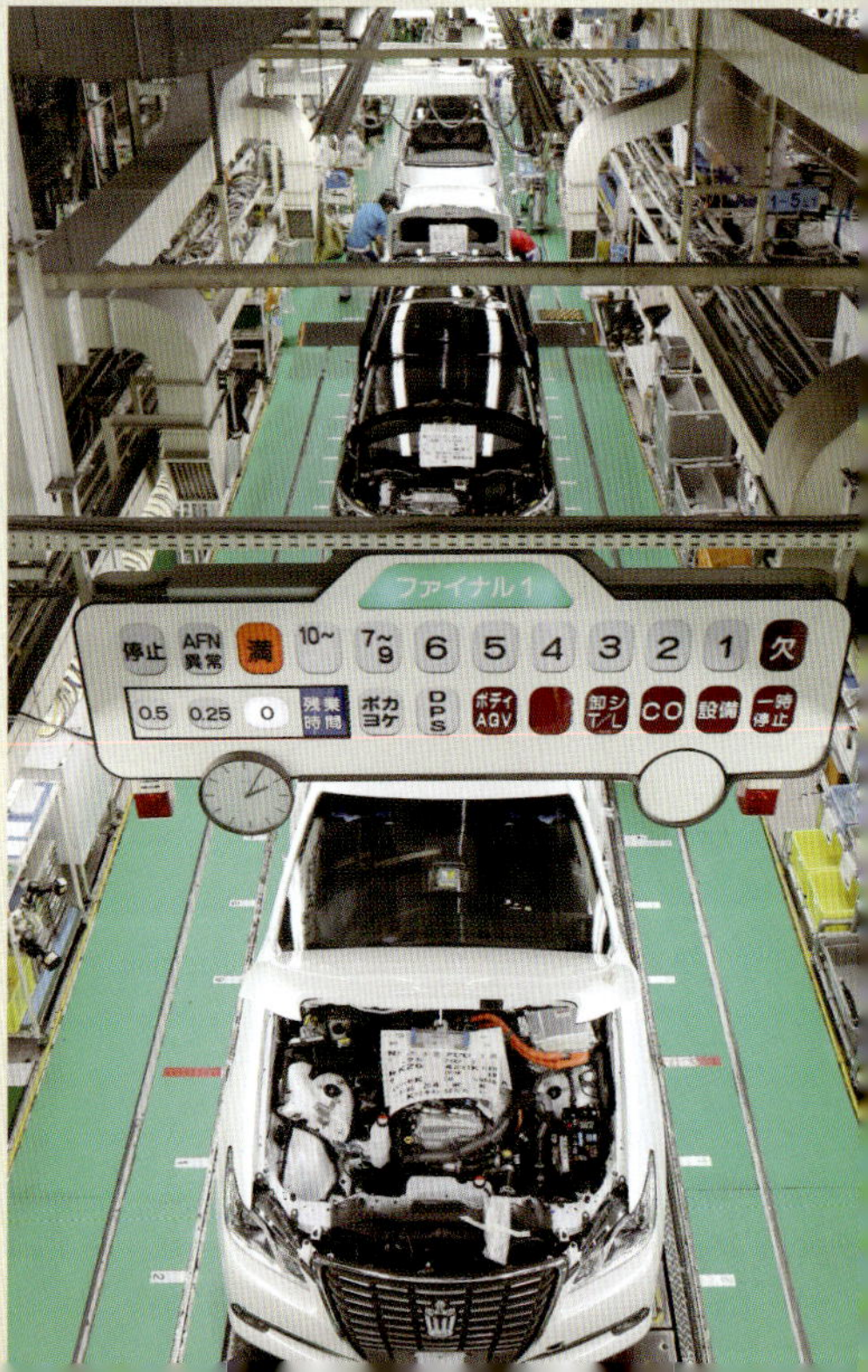

時流の先へ
〜
トヨタの系譜

まえがき

トヨタ自動車の創業者、豊田喜一郎が三河の「論地が原」（現在の愛知県豊田市）に土地を求め、最初の自動車工場の建設に着手したのは一九三五（昭和一〇）年だった。藪の中からキツネが飛び出す原野を切り拓いたのは「貴重な農地を汚してはならない」という父、豊田佐吉の教えに従ったからだという。それから八十年。トヨタは世界のトップメーカーに上り詰め、水素で走る燃料電池車やハイブリッド車を世界で初めて世に問い、クルマと人間の未来を切り拓いている。

「時流の先へ　トヨタの系譜」は、中日新聞・東京新聞で二〇一四年三月から一年間、計八十回にわたって長期連載した。何が今日のトヨタを築いたのか、トヨタの骨組みとなっている事象に焦点を当て、その源流をたどった物語である。

タイトル「時流の先へ」は、豊田佐吉の「研究と創造に心を致し、常に時流に先んずべし」から拝借している。佐吉の遺訓である「豊田綱領」に記されたこの言葉は、世界企業となったトヨタを今も導き、驕らず、挑戦者であり続けるよう戒める。

トヨタは、ベンチャー企業である。佐吉は自動織機の発明に没頭するあまり家庭を顧みず、長男・喜一郎が生まれた直後に妻に逃げられてしまう。経営や金策に無頓着で、事業仲間に逃げられたり、裏切られたりと挫折を繰り返す。後継ぎの喜一郎は高血圧に苦しみ、自分で腕から血液を抜きながら、国産乗用車づくりに賭ける。戦後の労働争議で二千人余の人員整理を余儀なくされ、失意の辞任、病死に至る。創業期のトヨタは明日をも知れぬ経営環境のもと、夢を追い続けるまさに挑戦者であった。

私が初めてトヨタ取材を担当したのはバブル経済の時代。豊田英二会長、章一郎社長という創業家が率いるトヨタは、ライバル社と比べて地味で意志決定も遅いというイメージだった。バブルが崩壊すると他メーカーは過剰な投資が重荷になって過酷なリストラを迫られ、ぜい肉のないトヨタの強さが際立っていく。一九八〇年代以降トヨタが今の地位を築いたのは、バブルの傷が浅かったことが何より大きい。それ故に、環境対応や国際化にいち早く手を打つことができた。金策に奔走した戦後の経営危機以来「自分の城は自分で守れ」と誓った。銀行並みの余裕資金を持ちながら、一切の無駄な投資をしなかった。「華美を戒め、質実剛健たるべし」と、豊田綱領にはある。同族経営を批判するのは容易だが、無借金の堅実経営を貫き、飛躍への土台を整えた英二、章一郎両氏の功績は計り知れない。

トヨタの歴史を書いた書物は無数にある。本書はトヨタの通史ではない。地元紙としての長年にわたる取材の蓄積をもとに、今日のトヨタを形成する上で特に重要だった出来事や経営哲学の成り立ちを記すことにこだわった。既存の書物や資料に頼らず、その当時を知る人々に直接会って話を聞くことを求めた。取材に応じてくれた元幹部や従業員、下請け関係者やその遺族らは二百人近くに上る。トヨタの現首脳やＯＢからも「初めて聞く話が多い」との感想が届いた。その場にいた人にしか語れない、初めて明かされる事実も多く、生きたトヨタ史になったと自負している。

トヨタは二〇〇九年、十四年ぶりに創業家への「大政奉還」を行い、佐吉のひ孫にあたる豊田章男氏が社長に就いた。円高に苦しんだ製造業が生産の大半を海外に移す中、章男氏は全生産の三割にあたる三百万台の国内生産を守ると公言している。そこには企業の損得勘定を超えた意思、佐吉の唱えた「産業報国」の思いがある。論地が原に工場を建てた喜一郎が「田園工場で愉快に働いて、その製品がお国のためになれば、満足であります」と語った精神が息づいている。欧米の巨大企業に伍して激烈な競争を繰り広げながら、国内の産業と雇用を守り続けるトヨタの思いを、日本人として率直に讃えたい。同時に、より多くの人に知ってもらいたいという願いを込めて本書を上梓した。

トヨタの系譜を遡りながら、世代を超えて連綿と受け継がれる「トヨタの心」「トヨタの遺伝子」のようなものを浮き彫りにできたと思う。そしてトヨタは同じ場所にとどまることなく、たゆまぬ挑戦を続けていることを伝えた。「人間のやったことは、人間がまだやれることの百分の一にすぎない」。豊田佐吉の遺志が受け継がれる限り、トヨタは今後も挑戦を続けるに違いない。

二〇一五年四月

中日新聞社　経済部長　　鈴木　孝昌

目次

第五章 支える企業群

第六章　命運かけた環境技術

第七章　障子を開けてみよ

第八章　中部財界に根ざす

第九章　豊田英二氏、百歳で死去

第十章　トップインタビュー

本書に登場する人の肩書、年齢、企業データなどは新聞掲載時点。第九、十章、番外編の一部を除き、敬称は略しました。

●『時流の先へ』シリーズ既刊●

『中部財界ものがたり』（2014年1月中日新聞刊）目次

『中部財界ものがたりⅡ』（2015年2月中日新聞刊）目次

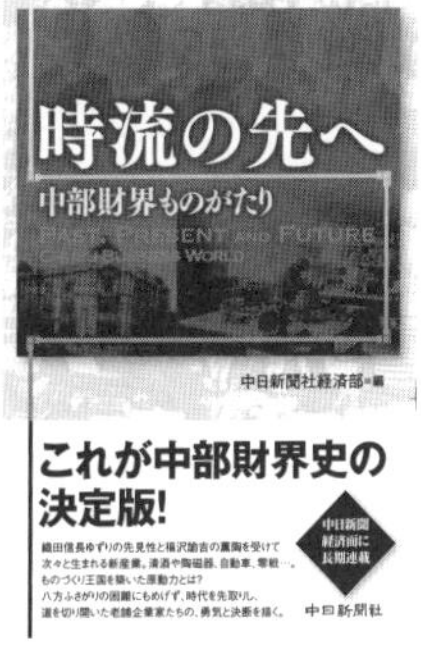

豊田家の家系図

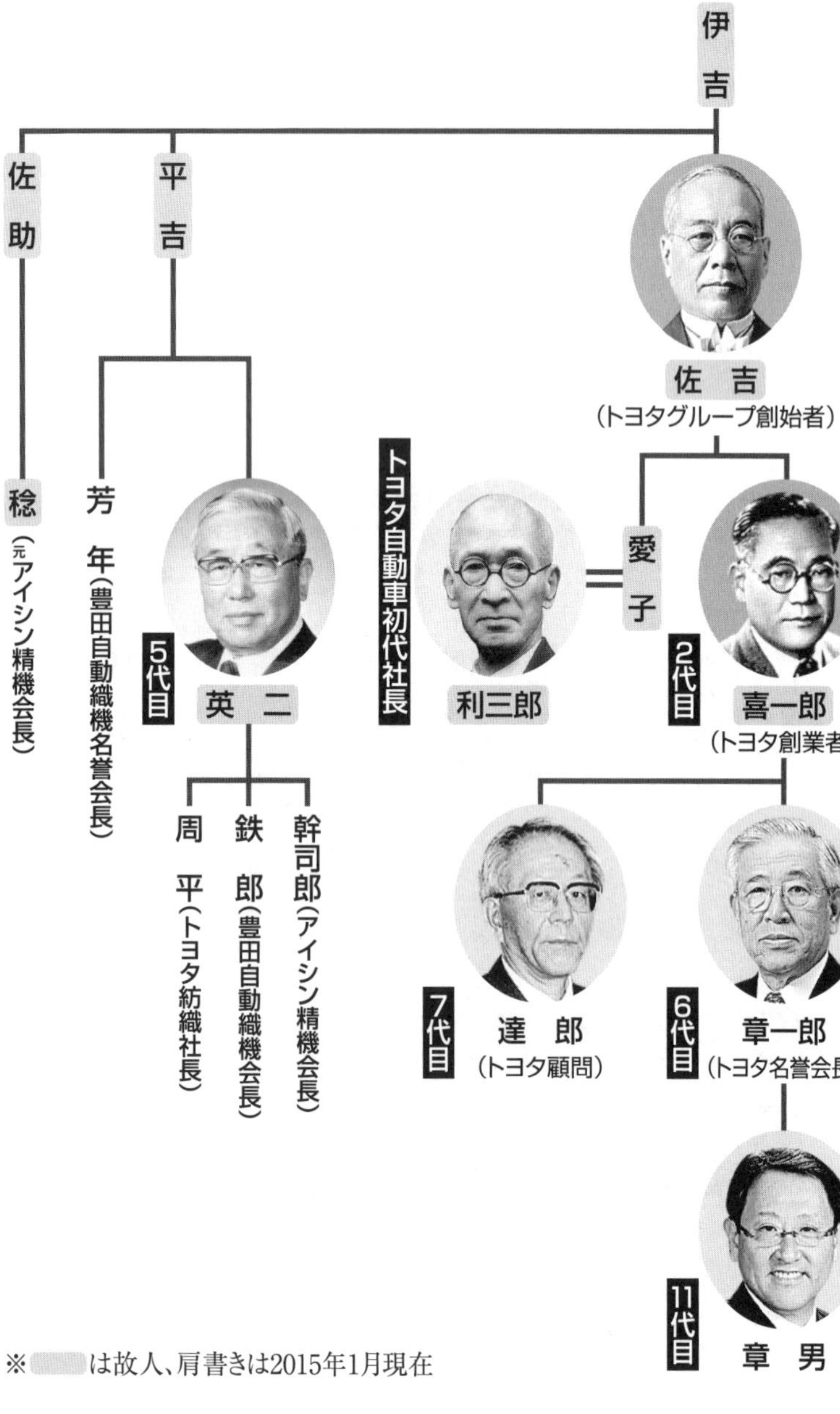

※　　　は故人、肩書きは2015年1月現在

第一章

未来へ　燃料電池車

トヨタ自動車は 2014 年 12 月 15 日、「究極のエコカー」と呼ばれる燃料電池車（ＦＣＶ）を世界で初めて一般向けに発売した。燃料に使う水素は資源がない日本でも自給が可能で、クリーンエネルギーとしての期待もかかる。四半世紀にわたる燃料電池車開発の苦闘に迫る。

1 試作1号は「化学工場」

未来のクルマに与えられた最初のボディーは、四角い箱形のトヨタ商用バン「タウンエース」。荷台のドアを開くと、巨大な燃料電池とともに、酸素ボンベと水素ボンベがところ狭しと積み込まれていた。

トヨタ自動車の次世代車開発陣は一九九四年、ひそかに燃料電池車（ＦＣＶ）試作第一号を造るが、積載物は見るからに異様だった。

この当時、オウム真理教による猛毒のサリン製造が全国ニュースになっている。富士山麓にあったオウムのサリン製造施設名にちなみ、社内では「サティアンのクルマ」とからかわれた。トヨタの社史にはこの試作車の記述はほとんどない。

「車に化学工場を載せている感じ。本当に世の中に出るなんて、当時は誰も思わなかった」。当時から燃料電池車開発に携わっているＦＣ車両システム設計室長、野々部康宏(52)はしみじみと振り返る。

それから約二十年。東京湾岸エリアにあるトヨタの試乗コースでは、流麗なＦＣＶセダンが野々部の前を次々と通り過ぎる。燃料電池は格段に小さくなり、酸素ボンベがなくても自力で空気を取り込める。名前は「ＭＩＲＡＩ（ミライ）」。車を、そして社会も変えようとするトヨタの決意が込められている。

佐吉の夢　水素に託す

トヨタグループの創始者、豊田佐吉は十代半ばだった一八八二（明治十五）年ごろ、最初の発明を志している。目指したのは「無限動力」。機械を動かす際に、部品同士の摩擦などによるエネルギーロスを一切、出さない仕組みだ。

糸が切れると自動的に止まる代表作「G型自動織機」とともに、無限動力の考えを生かし、回転運動でエネルギー効率を極力高めようとした「環状織機」も試作している。

電池にも大いに関心を抱く。「国内で豊富な水力による電力を電池に蓄え、飛行機や自動車に利用できないか」と、蓄電池の開発に巨額の懸賞金を出した。

佐吉の死から六十年近くたった一九八八（昭和六十三）年。バブル景気の真っただ中の日本

トヨタの燃料電池車「ミライ」。究極のエコカーを目指す＝東京都江東区の日本科学未来館で

で、トヨタは次世代の技術開発をひっそりと始めていた。

クラウンがカローラを月間販売台数で抜き、日産自動車の高級車「シーマ」が飛ぶように売れていたそのころ、技術担当取締役に就いたばかりの塩見正直（78）＝元常務＝は「石油がなくなったら、クルマをどう動かすんだ」と真剣に考えていた。

塩見の視線は、海の向こうの米国にあった。大気汚染が深刻化し、カリフォルニア州を中心に排ガス規制の動きが強まっている。「世界の自動車メーカーに開発競争で勝たなければ」。塩見は取締役会の決裁も取らないまま、電気自動車（ＥＶ）、ハイブリッド車（ＨＶ）、そして燃料電池車（ＦＣＶ）の三つを独断で開発し始める。研究に乗り出したのは、商用車部門でわずか五人ほどだった。

当時社長で、佐吉の孫の豊田章一郎（現名誉会長）は、塩見の研究に暗黙の了解を与えていた。実験室にも顔を出しては「どんどんやってくれ」と励ました。塩見は「自由にやれる雰囲気があった。でも年間百億円使ったこと

復元され、お披露目された豊田佐吉の環状織機＝ 1994 年６月、名古屋市のトヨタ産業技術記念館で

もあり、失敗したらえらいことだった」と振り返る。

九二年、燃料電池車は電気自動車開発の体制強化と併せ、社に正式なプロジェクトとして認められる。ハイブリッド車のプリウスの本格開発が始まる二年前のことだった。

塩見は、国産初の本格的乗用車となる「初代クラウン」開発を指揮した中村健也（故人）から、励ましの手紙をもらっている。中村は、石油資源のない日本の将来を案じていた。

「ガソリンに勝るエネルギーは見つかっていないが、水素を動力源とする研究が求められている」

塩見は、尊敬する中村の応援に気を強くし、水素を「将来の本命」と見定める。塩見の部下で、後に副社長となる瀧本正民(68)は「何が何でもやらないかん」という塩見の意気込みに応えようとした。

「サティアンのクルマ」と呼ばれた商用車ベースの試作車は、その後「ＲＡＶ４」「クルーガー」といったスポーツタイプ多目的車（ＳＵＶ）に姿を変え、実用化を目指していく。

燃料電池車は、水の分解で発生させることも可能な水素を使い、発電しながら走る。「まさにわれわれは、無限動力のクルマを造ろうとしているのではないか」。十年前に燃料電池車開発に加わった技術統括部主査の広瀬雄彦(59)は、その市販を前に、佐吉の夢に思いをはせた。

メモ

燃料電池車（FCV = Fuel Cell Vehicle）　車内にためた水素と大気中の酸素の化学反応で発電し、モーターを回して走る。走行中は二酸化炭素（CO_2）を出さず、水しか排出しない。トヨタの「ミライ」はクラウンと同サイズの４人乗りセダンで、電気自動車（ＥＶ）の弱点である連続走行距離も、１回の水素補給で約６５０キロまで可能。最高速度は時速１７５キロ。価格は７２３万６０００円。

2 狙撃でも爆発せず

ライフルの照準が、大地にぽつんと置かれた楕円《だえん》形のタンクをとらえる。中には水深七千メートル相当の超高圧で水素が詰まっている。引き金を引いた次の瞬間、弾丸がタンクを貫通した。水素ガスが激しく噴き出す。だが爆発はせず、炎も出ない。トヨタは燃料電池車を開発する際、カナダでこの実験を繰り返してきた。

「撃たれても爆発しませんよ」。燃料電池車「ミライ」の開発責任者、田中義和（53）は自信を持って言う。

田中の念頭にあるのは、人気漫画「ゴルゴ13」のワンシーン。一九九七年発表の「ゼロ・エミッション（排ガスゼロ）」の回で、主人公の殺し屋が石油利権を守ろうとする勢力の依頼を受け、報道陣の前で走行中の燃料電池車を狙撃し、爆発させる。

田中は「水素が爆発するには、空気と一定の比率で混じる必要があり、その状況はまれ。ガソリンだって扱いを誤れば危険だ」と強調する。燃料電池車開発は、「水素は危険」という世間のイメージを変える挑戦の連続だった。

狙撃対策に自信を深めたトヨタだが、福島第一原発の事故が立ちはだかる。二〇一一年三月の東日本大震災の翌日、津波で被災した原子炉建屋が吹き飛んだのだ。

開発に携わっていた野々部康宏は、週末で自宅におり、「水素が爆発した」とテレビニュースで聞く。「まずいことになった」と不安が膨らんだ。

この年の一月、トヨタ、ホンダ、日産自動車の三社が「二〇一五年までに燃料電池車を市販する」と公約したばかり。それに応える形で石油、ガスの十社も、全国百カ所で水素ステーション整備に乗り出す方針を決めている。

週明けの職場は重苦しい雰囲気だった。「このままでは水素ステーションは危険と思われる」。技術者たちは安全性をアピールするQ&Aを慌てて作り始めた。

福島の爆発は、密閉された原子炉建屋に水素がたまったのが原因だった。水素ステーションは密閉構造でなく、タンクから水素が漏れてもすぐに空気中に拡散する。だがその違いは、世間にすぐ

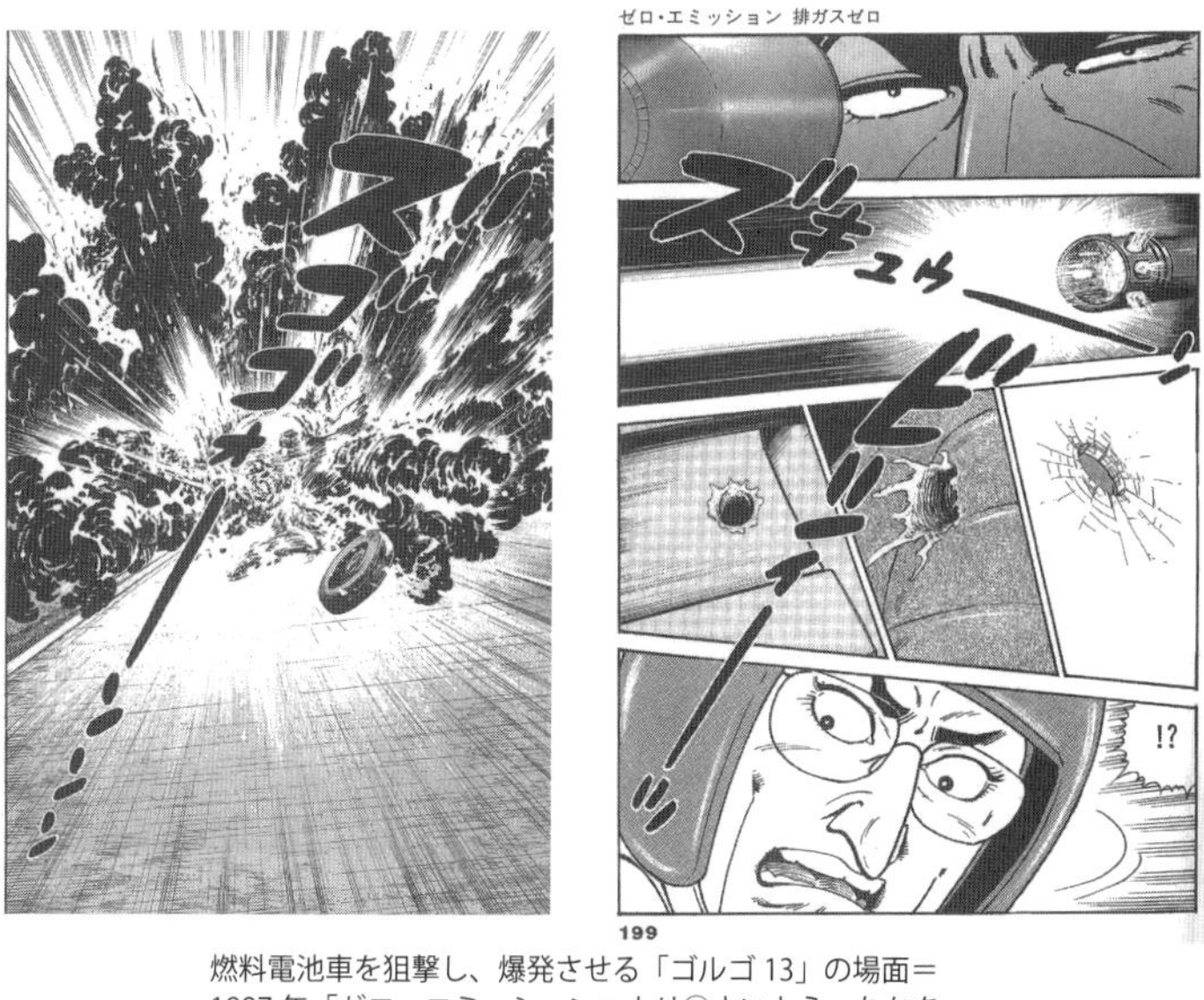

燃料電池車を狙撃し、爆発させる「ゴルゴ13」の場面＝1997年「ゼロ・エミッション」より©さいとう・たかを

には理解されない。

通常、発売日まで新車の概要を発表しないが、燃料電池車の試作車は積極的に展示した。一四年十一月十八日の「ミライ」正式発表に合わせ、衝突実験の映像もネット上で公開した。

技術的な裏付けにも念を入れる。水素タンクは、鉄の十倍の強度の炭素繊維強化プラスチックで繭のようにぐるぐる巻きにした。時速八十キロで乗用車に追突されても、水素タンクにはへこみすらできない。

車両火災に巻き込まれることも想定し、タンクを長時間の炎にさらす実験も繰り返した。内部の水素が膨張するが、高温で溶ける特殊な弁が開き、破裂を避ける。タンクから漏れた水素に引火しても「火炎放射器のように火を噴くが、爆発はしない」。

田中は「ミライ」発表会で、「ガソリン車と同等の安全性を確保した」と明言した。ただ、開発陣が気を緩めているわけではない。野々部は「今は『水素エネルギー社会』という言葉の響きが追い風になっているだけ。絶対に失敗は許されない」と自らを戒める。

3 氷点下でも凍らせない

白い息を吐くランナーを、ホンダの銀色の燃料電池車が先導していく。二〇〇四年正月の箱根駅伝。新年早々、トヨタの技術陣は敗北感にうちひしがれていた。

トヨタにとっての驚きは、ホンダの燃料電池車が真冬の早朝に問題なく動きだしたこと。このころトヨタは、寒冷地で燃料電池車を動かすのに四苦八苦していた。

当時四十一歳のトヨタ技術者だった野々部康宏は、冬の北海道士別市のテストコースで、試験車両のスイッチを押しても何の反応もなく、天を仰いだのを覚えている。

「凍ったな」

燃料電池の中では発電する際、水素と酸素が化学反応して結合し、水ができる。その水が凍って内部にとどまってしまうと、酸素が入りにくくなり、発電できなくなってしまう。

ところがホンダは、駅伝に先立つ〇三年十月、「氷点下二〇度で始動する燃料電池を開発した」と発表している。野々部は「こりゃいかん」と焦り、上司は「どうなっとるんだ」と怒鳴った。

トヨタは水との戦いを本格化させる。燃料電池をヒーターで温める手もあるが、燃料電池は中核で、最も高額な部品。コストダウンが課題なのに、装置を加えるのは論外だった。

「そもそもどうやって凍るのか、観察するところから始めるしかない」。野々部は、デンソーと共同出資で先端技術を磨く日本自動車部品総合研究所（愛知県西尾市）へ向かう。ここで燃料電池の内部をのぞき込む。

燃料電池は「セル」と呼ばれる厚さ一・三ミリの下敷き状の板が数百枚、重なってできている。その一枚に超小型顕微鏡を仕込み、水ができる様子を観察した。水をさまざまな条件で冷やすうちに、野々部たちは奇妙なことに気付く。

「水滴は、すぐに凍らない」。化学反応で生まれたばかりの水は不純物がなく、静かにゆっく

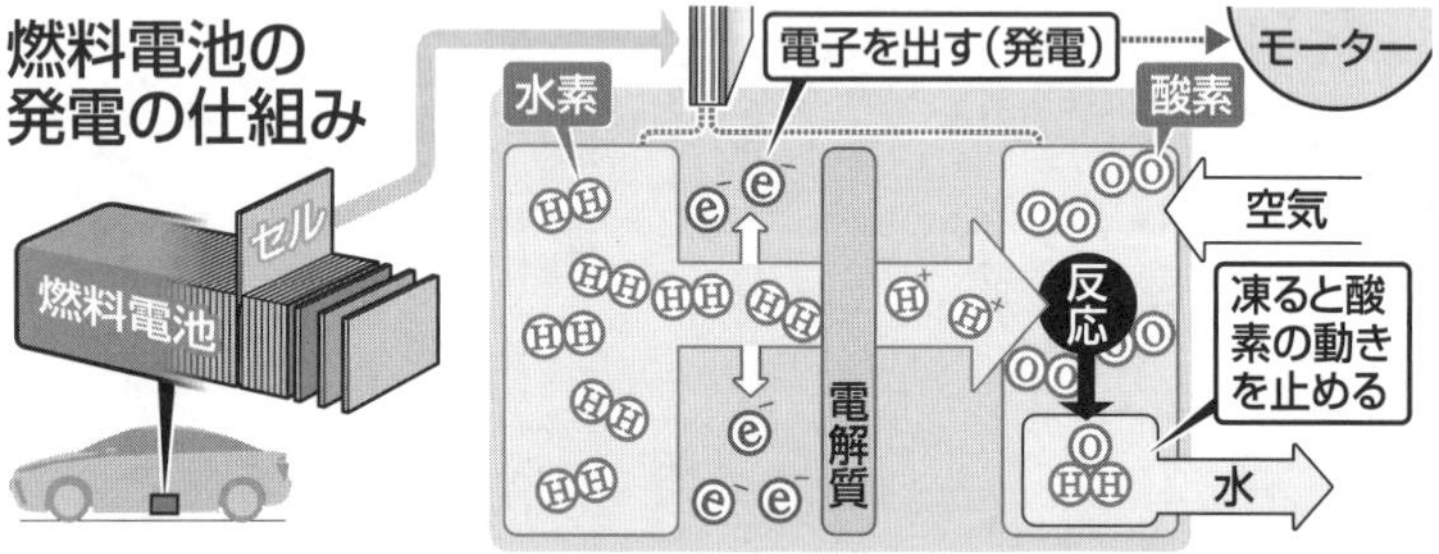

極寒のカナダ・イエローナイフで、燃料電池車の最終試験走行に臨む技術者たち＝2014年3月、トヨタ自動車提供

りと冷やせば、氷点下二〇度になっても水のままだった。

「これを利用するんだ」。発電時になるべく水を動かさず、刺激を与えないで排水する。セル内部のデザインを工夫することで凍らない電池への道が開けた。

野々部らが造った〇八年モデルの車両は、氷点下での燃料電池始動をクリアした。ただ、走行に十分な発電ができるまで四十秒ほどかかった。市場投入までに、この時間をもっと短くする必要がある。

野々部の部下の長沼良明（39）は一三年、士別市で新しい試験車両を試す。燃料電池の立ち上がりを早めるため、空気の取り込み量を増やした。

すると、試験車両は激しい吸気で「ゴーゴー」とうなり声を上げる。発電は活発になったが、熱を持った電池は真っ白な水蒸気を大量に吐き出した。長沼は「やり直しだ」と叫んだ。市販まで残り時間はわずか。滑らかな始動を目指し、詰めの試行錯誤を続けた。

「ミライ」発表まで一年を切った一四年三月、長沼らは北極圏に近く、オーロラで有名なカナダ・イエローナイフで最終試験走行に臨んだ。

氷点下三〇度の屋外に車両を十七時間放置し、冷えきらせた。恐る恐るスイッチを押すと、音もなく十秒ほどで「走行可能」のランプがついた。「この街でも普通の車と変わらないぞ」。長沼はアクセルを踏み込んだ。

4 エコカーに走り追求

雨が降りしきる林間コースを、エンジン音のないラリーカーが駆け抜ける。タイヤを滑らせ、泥水をはね上げる音だけが残る。ハンドルを握るのは、トヨタ社長の豊田章男。車を降りると、納得の笑みを浮かべた。

「未来の風を感じた」

レーサーとしても活躍する社長が合格点を出した。

豊田が乗ったのは、トヨタの燃料電池車「ミライ」の特別仕様車。ミライ発表前の二〇一四年十一月一日、愛知県新城市のラリーで自ら実車走行をお披露目し、レースに耐える走行性能を見せつけた。

この一年前、ミライ開発責任者、田中義和は豊田に相談している。「どうしたら走りの楽しさが伝わるでしょうか」。豊田からは予想外の答えが返ってきた。「私にラリー用の車を一台、造ってくれないか」。トップ自ら「究極のエコカー」に、走りの意識を吹き込もうとした。

市販化へ本格的に動きだした〇九年、開発陣はまだ車の形をめぐって真っ二つに割れていた。開発の土台となってきたスポーツタイプ多目的車（ＳＵＶ）で続けるか、セダンに切り替えるか。議論は半年以上続いた。

「ＳＵＶでないと、燃料電池や水素タンクが入りきらない」という意見が強かったが、エコカー開発を統括する主査の小木曽聡（53）＝現常務役員＝はセダンで押し切る。「ＳＵＶは空気抵抗が大きく、環境車にふさわしくない」との判断だった。

　セダンへの切り替えは専用ボディー開発を意味し、億単位の投資が必要だった。だが当時はリーマン・ショック後の赤字転落、大規模リコール（無料の回収・修理）問題と続き、小木曽は「開発予算が削られていた」と振り返る。

　小木曽は決断する。看板車種「プリウス」などハイブリッド車の予算から燃料電池車に振り向ける。「金にならん車になぜ予算を回すんだ」という反発も意に介さない。当時、燃料電池車の発売時期は「一五年」と公表されていたが、技術担当副社長の内山田竹志（現会長）からは内々に「小木曽、遅くても一四年だぞ」と言われていた。

「ミライ」ラリー仕様車の運転に臨むトヨタ自動車社長の豊田章男＝愛知県新城市で

一一年暮れ、小木曽から製品化の総仕上げを託された田中はデザインに頭を痛める。燃料電池や水素タンクを積むため、どうしても背が高くなり、躍動感が出ない。

田中は弱点を強みに変えようとする。重量があってかさばる燃料電池を、走りを安定させる「重り」として使うことにした。車の中央部である前席下に置き、車の重心を下げ、カーブでのふらつきを抑える。背の高さは変えられないが、欧州高級車のような路面に吸い付く走りに近づけることができた。

下に水素タンクを置いた後部座席は二人乗りと割り切る。その代わり、最上級セダン「レクサスＬＳ」の一部で採用する左右独立の後部座席を導入した。ホンダが一五年度に売り出す燃料電池車は五人乗りだが、田中は「しっかり四人乗れる高級車にした」と説明する。

ミライの後継車は、独ＢＭＷと共同開発すると決まっている。トヨタ側の担当となるＦＣ開発部長の小島康一（59）は、発表前のミライを箱根で走らせ、思わず一週間後に販売店で注文書に印を押した。

「走りが良すぎて、スピード違反者がたくさん出ないか心配だ」。冗談交じりに出来のよさを認めるが、それを乗り越える決意を固めている。次への挑戦は、既に始まっている。

第二章

労働争議 苦渋の創業者

世界の自動車メーカーで初めて年間生産 1000 万台を記録し、2013 年度に過去最高の利益を更新したトヨタ自動車。だが、その 4 年前には世界規模のリコールに見舞われ、戦後間もなくの労働争議以来の窮地に立っていた。2 度の存亡の危機を乗り越え、世界の頂点に立つトヨタの原点をたどる。

1 辞任覚悟の渡米

愛知県豊田市郊外にある鞍《くら》ケ池のほとりにトヨタ自動車創業者、豊田喜一郎が住んだ洋館が立つ。二〇一一年二月下旬、ツタが絡むバルコニーが見下ろすその庭に、社長の豊田章男と、日米の幹部ら十数人が「トヨタ再出発の日」の記念植樹に集まっていた。

豊田佐吉生誕の地である静岡県湖西市名産の花コデマリ、花言葉で「安心」を表すアザミ、「逆境の克服」を意味する野バラ。その三種の花の真ん中に、一本の桜の苗木が植えられた。

桜は、はかなく散る。章男はこの桜に、一〇年に大規模リコール（無料の回収・修理）問題で米議会の公聴会に呼び出された際の「孤独感」を込めていた。当時をあらためて思い起こし「あの危機を風化させない」と誓った。

植樹のちょうど一年前。章男は米下院監視・政府改革委員会が開く公聴会の証人席にいた。トヨタ車に対し米世論に渦巻いていたのは「勝手に加速する」「ブレーキを踏んでも止まらない」という恐怖と疑念。十重二十重のカメラに囲まれ、三時間半にわたる尋問にさらされた。

公聴会に向け名古屋をたったのは五日前。機中で「社長、終わっちゃったな」と自らに語りかけた。十四年ぶりに創業家出身の社長となり「大政奉還」といわれた就任から八カ月。「一年、持たなかったか」

トヨタ自動車創業者・豊田喜一郎への思いを語る社長の豊田章男。背景の絵には、豊田佐吉（右上）と喜一郎が描かれている＝東京都文京区のトヨタ東京本社で

と無念さに襲われる。

祖父の喜一郎も、終戦後の経営危機で千六百人の退職を求める責任を取り辞任している。図らずも同じ試練に立たされることになろうとは。

〇九年八月下旬、米カリフォルニア州南部サンディエゴ郊外で、非番の警察官が運転するトヨタ自動車高級ブランド「レクサス」セダンが高速で制御不能に陥り、車内の四人が死亡。この事故に端を発し、トヨタは米国を中心に相次ぐ大規模リコールに追い込まれる。

対象は全世界で延べ一千万台以上と、トヨタの年間生産量に匹敵する規模に上った。主力市場の米国で「欠陥隠し」の疑惑報道も広がり、トヨタのブランド力は地に落ちた。

当時、トヨタ副社長だった会長の内山田竹志は一〇年一月、出張先の米デトロイトでリコールの深刻さを思い知った。ホテルでどのチャンネルを回しても「トヨタ車が暴走した」「トヨタは重大な欠陥を隠している」と批判一色。「下手したら会社がつぶれる」と危機感を高めた。

　内山田の父は三代目「クラウン」の主査を務めた技術者で、トヨタが倒産寸前まで追い込まれた一九五〇（昭和二十五）年の労働争議を経験している。当時を知る内山田の母は、広がるばかりのリコールに「労働争議みたいにしてはいけないよ」と心配を口にしていた。

　一〇年二月、米下院の公聴会に呼び出された社長の豊田章男は「サンドバッグのようにたたかれる」と覚悟しつつ、証言に自分なりのルールを決める。

　まず「だれのせいにもせず、私が謝罪しよう」。「のろま」とか「対応が遅い」という批判も、甘んじて受ける。

　ただし「うそつき」とか「ごまかし」という決めつけには、徹底的に戦う。自分が社長を辞めたとしても、トヨタという会社が「うそつき」にされたら、「全世界三十三万人の従業員とその家族はやってられない」という思いだった。

　トヨタ創業者で祖父の喜一郎は、社が存続の危機に立った労働争議の幕引きと引き換えに社長を辞

社長を辞した後の1951年冬、名古屋・八事の自宅から出かける
豊田喜一郎（トヨタ自動車提供）

した。章男も公聴会で「最終責任者」として矢面に立った。一言一言に社の命運がかかる緊張の公聴会を乗り切ると、直後に現地のトヨタ車販売店らが開いてくれた激励集会で感謝の涙を流す。

結果的に社長を辞める事態にはならず、米国での販売も回復したが、『会社を終わらせない』という気持ちでは、喜一郎と同じだったと思う」と当時を振り返る。

章男の父でトヨタ名誉会長の章一郎（89）は、日本の本社で夜を徹し、公聴会のテレビ中継を見守った。「おまえが謝っているのを見ていたら、トヨタに関わる人みんなが、現在過去未来を含めて、謝っているように聞こえた」と息子をねぎらった。

章男は一四年の公聴会四周年を、喜一郎の享年と同じ五十七歳で迎えた。会ったことのない「おじいちゃん」が、これまで以上に身近に感じる。

「立ち上げたばかりの会社がこれから、という時に、さぞかし無念だったろう」。祖父はこの年齢から先を生きていない。章男は、本社敷地の喜一郎像や仏壇に手を合わせるとき、心の中でこう語りかける。「あなたのこれからの人生、私の体を使って思いを遂げてください」

メモ　**トヨタの大規模リコール**　米国を中心に2009年11月から10年2月にかけ、ブレーキの不具合で大別して3回実施。対象は全世界で延べ1000万台以上に上った。米国では「車が勝手に急加速する」とエンジンの電子制御システムの欠陥を疑う報道が過熱。議会は真相究明の公聴会を開き、下院は豊田章男社長、上院は内山田竹志、佐々木真一両副社長（当時）を日本から呼んだ。米航空宇宙局（NASA）も原因調査に加わり、米政府は11年2月に電子欠陥はないと発表した。

2 闘争告げる「空襲警報」

昼下がりの工場に突然、空襲警報の野太いサイレン音が幾度も響いた。すでに戦争が終わって五年近く。サイレンは、労働組合執行部が組合員に重大ニュースを伝える合図だった。経営側が「首切り」を正式に通告したのだ。

一九五〇（昭和二十五）年四月二十二日。トヨタ自動車工業（現トヨタ自動車）経営陣は八回目の労使協議で「千六百人の希望退職を募る」と労組に伝えた。その数は全従業員の二割に当たる。サイレンを合図に、労使協議が続く事務所を数千人が囲み、抗議の座り込みを始めた。

世の中ではGHQ（連合国軍総司令部）主導で「ドッジ・ライン」と呼ばれる金融引き締め策が進み、景気が冷え込んでいた。トヨタは四九年の暮れに、どうしても二億円ほど、足りなくなってしまった。社長の豊田喜一郎は金策が尽き、日銀に駆け込む。救済と引き換えに迫られた再建策の一つが人員削減だった。創業の苦楽をともにした仲間を切りたくない。喜一郎は組合側に言い出せずにいたが、結論はだれの目にも明らかだった。

喜一郎は組合側に、重い口を開いた。「車を造ることばかりに一生懸命で、経営に疎いところがあった」と謝り、続けた。「会社を解散するか、一部の方にトヨタ丸を下りてもらうか、道は二つに一つしかない」

元全トヨタ労働組合連合会中央執行委員長の石川義之（87）は当時、二十三歳の職場闘争委員。機械工場でサイレンを聞いた。「うわさは本当だったんだ」と、胸のざわつきを抑えられなかった。

労組闘争委員長の鈴木善三郎（故人）は「なぜ、事ここに至るまでわれわれと協議しなかったのか」と憤った。前年末、労使は給料の一割カット受け入れを条件に、一方的な人員削減をしないと協約を結んでいた。

トヨタ本社で、経営側の人員削減案撤回を求め、幹部を台に立たせて糾弾する組合員たち＝愛知県挙母町（現豊田市）で（1950 年春ごろ撮影）

だが五〇年三月末、トヨタから独立したばかりの部品メーカー、日本電装（現デンソー）が四百七十三人の人員削減案を発表した。トヨタ労組はこれを「非常事態」ととらえて闘争委員会を組織し、支援ストライキを打つ。そして「空襲警報」のサイレンとともに、トヨタ労組も本格ストに突入した。

後に「トヨタ生産方式」生みの親として知られることになる大野耐一（故人）はこのとき、機械工場長。スト入りすると、高さ一メートルほどの木の台に立たされた。「おい、今日こんな状況になった責任を取れ」。三百人の男たちが取り囲み、罵声を浴びせ続けた。

石川は上司の大野を工場長室から呼び出す係だった。会社再建のための「懇談会」が誘い出しの名目だったが、実際は「完全なつるし上げだった」と振り返る。

呼び出された幹部たちは、人員削減の撤回要求に「わかった」と言うまで台に立たされる。だが大野はひるまない。困ったような顔をしながら「このままじゃ会社は危機にひんする。皆もよく考えろ」と譲らない。労組の手ごわい相手となり、副闘争委員長の岩満《いわみつ》達巳（故人）と対峙《たいじ》した。

ストでは車は造れない。この年の三月に九百九十二台だった生産台数は、五月には三百四台と三分の一以下に落ち込んだ。会社も労組も、先の見えない消耗戦に入っていく。

3 消耗戦　乱れる足並み

工場のラインが止まり、仕事がない従業員たち百人ほどが四列縦隊を組む。「わっしょい、わっしょい」と叫びながら工場の執務室になだれ込む。「スクラム」と呼ばれる抗議行動で、工場長を門の外に押し出して工場を占拠する。

一九五〇年春、トヨタ経営陣が打ち出した人員削減案に対し、労働組合の反対行動が広がった。

労使協議が開かれた木造の本社事務所では、二階の会議室から組合員があふれ出す。その一部は窓から会議室をのぞき込もうと、一階の屋根によじ登る。人だかりで建物は揺れ、二階の床板が割れて一階に足が突き出ることもあった。

当時二十三歳で本社工場勤務だった石川義之はそのころ、工場を離れ、カバンを提げて農村を歩いていた。労組が「闘争資金」を得る行商だ。カバンに鉛筆、消しゴム、ノートを詰め、親戚の家などに売り歩く。行商には若い組合員が駆り出された。

訪問先では、農家の年配者に「そんなこと、いつまでやっとるだ」と突き放された。鉛筆一本が十円の時代に、一日の売り上げは二百円がやっとだった。

終戦で海軍から機械工場に復帰していた小野田章（92）＝同＝は、担当した魚の行商だけでなく、役場で恥を忍んで頭を下げたことが頭を離れない。

「給料が遅れているので、税金が払えません」

既にトヨタでは、分割になっていた給与支払いが滞っていた。一時は「金よこせ。死んじまうぞ」と抗議の札を体の前後にぶら下げ、来客応対する社員も出ていた。

創業から十数年とはいえ、小野田には自動車会社の社員という誇りがあった。心中で「いつまでも『わっしょい、わっしょい』はやってられん。おれたちは車を造りたくてトヨタに入ったんだぞ」と叫んでいた。

当時、労働運動はトヨタだけでなく、全国で盛り上がっていた。いすゞ自動車と日産自動車もストに突入。トヨタ本社工場には赤い旗がはためき、組合員たちは革命歌「インターナショナル」を歌って一体感を強め、「首切り反対」のビラを張り巡らせた。

労組執行部は現実的な歩み寄りも模索するが、「会社なんてつぶれてもいい」と息巻く強硬派の突き上げを食らう。組合内部に温度差が生まれ、書記長の矢嶋勝利（故人）は「激励と、ののしりの連続だった」と「組合創立十周年記念誌」で振り返っている。

車体工場の板倉鉦二《せいじ》（89）は、トヨタが設立した技能者養成所（現トヨタ工業学園）一期生で、スト時は二十五歳。「おれたちは旗本だ。会社を守らないといけない」との思いを強める。

板倉は労組の監視の目を避け、本社のある愛知県挙母《ころも》町（現豊田市）から電車と市電を乗り継ぎ、隣の岡崎市の料亭に向かった。そこで社の管理職や同期生数人と落ち合い、ひそかに社の再建を話し合う。こうした夜の会合は、名古屋市など周辺の街で繰り返された。

経営側が出した「退職勧告状」などを集めて焼き、腕を組んで革命歌を歌う組合員たち＝1950年5月、愛知県挙母町のトヨタ本社で、「20年のあゆみ　トヨタ自動車労働組合」から

経営側も行動に出る。残ってほしい社員に「協力要請状」を、辞めてほしい社員に「退職勧告状」を送り付けた。労組は結束をくじかれまいと、いずれの書状も回収して本社事務所前に積み、火を放つ。炎を囲み、湧き上がる革命歌。ただ、トヨタ労組の組合誌によると、歌声は次第に「とぎれとぎれに」なっていった。

4 救済融資　日銀の賭け

色白の顔に立派な眼鏡。黒々とした頭髪をきれいに分け、洋服は派手気味で一流。話しぶりはやさしく、おっとりして明るかった。

トヨタ自動車創業者、豊田喜一郎の人物像を、哲学者梅原猛（88）の父でトヨタグループの豊田中央研究所長だった梅原半二（故人）は「寸分のすきもない紳士」と手記に残している。

その喜一郎が、居並ぶ銀行幹部を前に、涙ながらに窮状を訴えていた。

トヨタの労働組合が本格ストライキに突入する直前の一九四九（昭和二十四）年末、日銀名古屋支店はトヨタの取引銀行二十四行を集め、融資斡旋《あっせん》会を開いた。

当時五十五歳の喜一郎は、年越しに必要な二億円の金策に駆け回っていた。斡旋会は日銀名古屋支店の四十代後半の支店長、高梨壮夫《たけお》（故人）の計らいだった。

　会での喜一郎の発言は残されていないが、起立して経緯を説明する様子を「トヨタ自販十年史」はこう伝える。

「まさに声涙ともに下るもので、そのときの豊田社長の姿は、おそらく出席者全員の脳裏から、終生消えさることはあるまい」

　救済に尻込みする銀行も多かったが、「最も消極的であった銀行の代表者さえ、豊田社長の心情にもらい泣きした」という。

　トヨタは戦後の金融引き締め策のあおりで極度の販売不振に陥り、月賦で販売した車の代金回収が滞っていた。

　喜一郎がすがった日銀の高梨は、戦前にも名古屋支店に勤務。高梨はその際に、名古屋三大銀行の一角、明治銀行の破綻を経験している。トヨタは創業間もないベンチャー企業とはいえ、下請けは当時でも約三百社に上っていた。

　高梨は、救済すると腹を決める。「トヨタだけのためにやったんじゃない。名古屋全体の、中京経

日銀名古屋支店長時代にトヨタ救済に動いた高梨壮夫（左）。後に日本自動車連盟初代会長となる＝1964年5月、三重県鈴鹿市の鈴鹿サーキットで、日本自動車販売協会連合会「自動車販売」から

済のために動いたんだ」。高梨の次男紘司（73）＝東京都世田谷区＝は、父親がこう繰り返していたのを覚えている。

高梨は、当時の東海銀行と帝国銀行（後の三井銀行）を中心とした銀行団に、二億円のつなぎ融資の実施に応じてもらう。続いて高梨らが、トヨタから販売部門を独立させる「工販分離」を柱とする再建案を練った。

ただ、トヨタから分離した販売会社（後のトヨタ自動車販売）が発行する手形を日銀が保証する異例の内容も含まれ、支店独断では実行できない。

五〇年二月、高梨は日銀総裁の一万田《いちまだ》尚登（故人）との直談判に臨む。一万田は「日本に自動車工業は必要ない」との発言で知られ、トヨタ救済に熱心と言い難い。それでも高梨が「中京地区に相当な混乱が起きる」と訴えると、「支店長がそこまで言うのなら、強いて反対はしない」と答えた。

当時の日銀名古屋支店には後に名古屋鉄道社長となる梶井健一（故人）もおり、高梨とともに動いた。高梨は後にこの救済を「一生を通しての会心事」と振り返るが、トヨタが生き残るかどうかはいちかばちかの賭けだった。息子の紘司によると、高梨は妻に「クビになるかもしれない」と不安を漏らしている。

トヨタはその恩義を忘れない。高梨が日銀を退くと、東京トヨペット会長に迎える。喜一郎の後任でトヨタ社長となった石田退三（故人）は、「日銀に足を向けて寝ちゃいかんよ」と、喜一郎の長男章一郎（現トヨタ名誉会長）に助言している。章一郎は最近まで、日銀名古屋支店長が代わるたびに会食の席を設けてきた。

5「支える」東海銀の覚悟

組合活動用の鉢巻きをした作業服の男たちが、続々と銀行のカウンターにやってくる。みんな言うことは同じだ。「この手形は落ちるのか、落ちんのか」

男たちはトヨタ自動車工業と取引する関連企業の経理担当者。代金としてもらったトヨタの手形が紙くずにならないかどうか、気が気でなかったのだ。

一九四九年十二月、名古屋市中心部にある当時の東海銀行本店営業部で、新入行員だった元専務沢木秀夫（85）は手形の元帳をつけながら、トヨタグループの資金繰りに異変を感じていた。

木下正美

刈谷車体（現トヨタ車体）、荒川鈑金《ばんきん》工業（後のアラコ）などが、東海銀の本店を訪れている。一部の経理担当者たちはカウンターの中に入り込み、融資の相談を始めていた。グループ中核のトヨタは取引先に払う部品代金に事欠き、年越し資金も不足していた。そのグループ企業も共倒れの恐れがあった。

トヨタを担当する東海銀の支配人兼本店営業部長、木下正美（故人）は、銀行の重役会に呼ばれ、「トヨタへの融資はどうなっている」と問いただされる。木下は「融資は続けます」と押し通し、「万一のときは責任をとります」と覚悟を見せた。

木下はトヨタに中部発展の夢を託していた。三五年、豊田喜一郎が初の自動車「G１型トラック」を世に出す。そのころ東海銀の母体の一つ、愛知銀行の門前町支店長代理だった木下は、販売店「日の出モータース（現愛知トヨタ自動車）」に頼まれ、トラックの月賦販売に関わった。「自動車は必ず伸びる」と踏んでいた。

木下は帝国銀行名古屋支店長の木村秀儀《ひでよし》（故人）と相談。日銀名古屋支店長の高梨壮夫とともに、トヨタと取引のある他行も巻き込んだ協調融資に動く。日銀がトヨタ再建策として主導した「工販分離」で新会社「トヨタ自動車販売」が発足すると、東海銀は主力行として支える。

その後、副頭取となった木下は「今から考えると、職を賭しての金融と言える」と「トヨタ自販十年史」への寄稿で書いている。頭取の座を約束されていた

旧東海銀行本店営業部の窓口風景。戦後、トヨタが経営危機に陥ったころ、トヨタグループの経理担当者が押しかけた＝名古屋市中区で、1960 年ごろに撮影（三菱東京ＵＦＪ銀行提供）

が、この寄稿から間もない六二年十月、五十八歳で世を去る。

トヨタ自販の初代社長だった神谷正太郎（故人）は、旧知の木下の追悼集に「勇猛果敢、細心の判断力で地元産業の救世主となられた」と記した。

トヨタ自工とトヨタ自販はそれぞれ東海銀の株式を持ち、八二年に「工販合併」が実現すると、トヨタが東海銀の筆頭株主となる。九九年には、トヨタが東海銀の資本増強に五十億円を出資。東海銀は経営統合を重ね、三菱東京ＵＦＪ銀行という日本最大のメガバンクに姿を変えた今も、トヨタとは主力行としての関係が続く。

6 解雇引き換えの辞任

トヨタ幹部が集まった夜の会合。経営側の弁護士は、労働協約の書類に目を走らせていた。その視線は、書類の末尾のある一点で止まる。

「この協約は無効だ。この争議は会社側の勝ちだ」。そう言うと弁護士は小躍りした。幹部たちも目を見開いた。

書類には「トヨタ自動車工業社長、豊田喜一郎」というゴム印と社長印はあったが、自筆の署名が

労働争議中の労使交渉に臨むトヨタ経営幹部。前列左から２人目が当時取締役の豊田英二＝1950年春、トヨタ本社で

ない。当時の労働組合法では、労使双方の押印と署名がそろってい
る必要があった。

トヨタの労働争議は法廷闘争に発展しつつあった。一九五〇年春、
経営側が大量の人員削減案を打ち出し、一部社員に「協力要請状」
を出して労組の分断を図ると、労組は人員削減案の無効を求め名古
屋地裁に仮処分申し立てに動いていた。

労組の後ろ盾は、前年に労使が交わした「一方的に人員整理しな
い」という労働協約だ。その協約に、書類上の不備が見つかったのだ。
ざわめく部屋で、三十六歳の取締役が口を開いた。「けれども会
社は、その文面通り約束を守るつもりでゴム印を押したはずです」。
喜一郎のいとこの豊田英二だった。

「そんなことで勝っても従業員の信頼をなくし、将来に禍根を残
すに決まっている。私は絶対に反対です」。重々しく、きっぱりし
た口調に「一同は水を打ったように静かになり、頭をうなだれた」
と「トヨタ自動車50年史」は記す。

英二は後に社長や会長を務め、二〇一三年九月に百歳で世を去っ
た。この発言は、信頼を旨とするトヨタ労使の基本精神となる。

ただ、労組の仮処分申請は裁判所に却下され、人員削減の方針は

動かない。

五〇年初夏、労組の前執行委員長弓削《ゆげ》誠と前副執行委員長、松岡美智雄（いずれも故人）が、名古屋・八事の喜一郎邸前に立った。

二人は局面打開を喜一郎との直談判にかけていた。応接室で対面した喜一郎は持病の高血圧で体調を崩し、顔は青ざめていた。二人はその喜一郎に「解雇通告を撤回してください」と二時間にわたって懇願を続けた。

返事は「二度、うそをつくようなことは申し訳ないから、それだけは勘弁してほしい」。トヨタ歴史文化部がまとめた「豊田喜一郎伝」によると、喜一郎はひたすらこう繰り返した。

一度目の「うそ」は、労働協約を守れなかったことを指す。そして、ここで人員削減を「撤回する」と言っても、二度目の「うそ」になるのははっきりしていた。人員削減は銀行から支援を受ける際の条件で、喜一郎に「撤回」という選択肢はなかった。

喜一郎の義兄でトヨタの初代社長を務めた利三郎（故人）はそのころ、電話で一人の男を名古屋の自宅に呼び出す。トヨタの母体である豊田自動織機製作所（現豊田自動織機）社長の石田退三（故人）だった。

石田は、遠戚に当たる利三郎の家に住み込んで旧制中学を卒業。利三郎とは兄弟同然で育った。利三郎が常務として仕切る当時の豊田紡織に入って以来、豊田家を経営面で支えてきた。後に「トヨタの大番頭」として知られることになる。

利三郎邸には喜一郎、英二らが集まっていた。石田の自著「商魂八十年」によると、喜一郎は石田が席に着くなり、いつになく改まった口調で切り出した。

「あなたが社長を引き受け、瀕死《ひんし》のトヨタを再建していただきたい」

辞意を口にした喜一郎の表情は、苦渋でゆがんでいた。

7 労使　涙のスト終結

豊田喜一郎の辞意はただちに組合側にもうわさで伝わる。労組は一九五〇年五月二十七日の交渉で辞意の真偽をただすと、経営側は認めた。

組合は副社長の退任は狙っていたが、創業者の辞任には不意を突かれる。直前に喜一郎の自宅で「解雇撤回」を迫ったトヨタ労組前執行委員長、弓削誠は「あのストで社長に辞められたのが一番、ショックだった」と、「豊田喜一郎伝」著者の一人、東海学園大教授の和田一夫（64）に生前、語っている。

経営側がこれ以上ないカードを切ったことで、組合執行部の譲歩を求める声が内部でも出始める。組合員にも「これ以上、長引けば組合も持たない」と動揺が広がった。

社の将来を悲観しての退職希望者は雪崩を打つように増え、喜一郎が正式に辞任した六月五日には、希望者は目標である千六百人を突破した。

「首切り反対」の闘いが無意味になりつつあった。副闘争委員長、岩満達巳は他の幹部に「もうそろそろ、片付けますか」と申し出る。

経営側は、指名した従業員の解雇受け入れを組合側に迫り、労使交渉は再開する。徹夜の交渉が二晩目に入った六月九日午前四時すぎ、労使ともに疲れ切って無言が続く中、闘争委員長の鈴木善三郎が岩満に発言を促す。

「労働組合としては…」。岩満は言葉を探しながら数分、間を置いた。「どうしても首切りを認めるわけにはいきません。ただし、社が解雇した者を社内に入れないというなら、それは認めます」。事実上、経営側の削減案をのんだ瞬間だった。

二カ月にわたった争議の緊張感から解き放たれ、労使幹部はともに机に突っ伏して泣き崩れる。廊下からのぞき込んでいた鈴なりの組合員たちからもおえつが漏れた。喜一郎五十六歳の誕生日の二日前だった。

後に全トヨタ労働組合連合会中央執行委員長となる石川義之は組合事務所で終結を聞き、「正直、ほっとした」のを覚えている。「争議中、労使が本当に腹を割ったのは、このと

トヨタの労使交渉で、人員削減案を認める闘争委員長の鈴木善三郎（左）と副闘争委員長の岩満達巳（中）＝1950年6月9日未明、トヨタ本社で、「限りなき前進　30年の歩み　トヨタ自動車工業労働組合」から

きだけだった」と振り返る。

新経営陣を正式に決める臨時株主総会が七月十八日、トヨタ本社で開かれた。壇上にもう喜一郎はいない。後を託された豊田自動織機製作所社長、石田退三が兼任でトヨタ新社長に就き、あいさつに立った。

「不幸にして喜一郎社長は責任を取られたが、会社が立ち直ったあかつきには戻っていただく。そして念願の乗用車を思い切り造ってもらいます」

石田自身はかねて喜一郎の自動車事業を「御曹司の道楽」と批判し、社長就任も「端からくちばしを入れない」という条件で引き受けた。それだけに、いきなりの喜一郎への復帰呼び掛けは聞く人の心に響いた。

喜一郎の長男章一郎は、このあいさつを会場の最後列で聞き入っていた。当時二十五歳の章一郎は入社前で、父の命で部品メーカーで働いていた。父の復帰を願う石田の演説を「大変、感涙を誘う内容だった」と回想する。

8 志半ば　礎築いた2人

トヨタの一線を退いた豊田喜一郎だが、乗用車開発の夢は捨てきれない。持病の高血圧の療養をしながら、東京・赤坂と名古屋・八事の自宅を往来し、ヘリコプターと乗用車の研究にのめり込んでいた。

特に自動変速機（ＡＴ）の開発では二十年来、温め続けたアイデアがあった。長男の章一郎は父の命を受け、新川工業（現アイシン精機）や愛三工業に出向き「方々で試作品を作った」ことを覚えている。

喜一郎は「ちょっとの暇があると、すぐに紙と鉛筆を出して考えていた」と、章一郎は本紙取材に語っている。喜一郎の父、豊田佐吉譲りの研究肌だった。

ただ、病状は思わしくない。章一郎は父が額に手を当て、頭痛をこらえる姿を目にするようになる。技術以外の話をめったにしない喜一郎だが、このころ、側近の一人だった豊田中央研究所長、梅原半二にはこう話している。

「なあ梅原、いま会社はたった十五億円の借金でこんな状態になっているが、十五億円は一カ月でもうかる時代が来るよ」

梅原は本紙夕刊コラム「紙つぶて」に、印象深かった喜一郎のせりふとして書き残している。喜一郎は大量解雇には悩みつつ、自動車の将来には楽観的だった。

予言が的中したのか、喜一郎に代わり石田退三が社長に就任した一九五〇年七月の株主総会と同時期に、トヨタに朝鮮戦争による特需が舞い込む。米軍のトラック受注が翌年にかけ計約四千七百台、金額で三十六億円に達し、トヨタは急速に息を吹き返す。

これで再建に道筋が付くと、石田は五二年二月、上京して喜一郎を訪ね、社長復帰を要請する。ところが喜一郎は「トラックばかりで乗用車を造らんような会社には戻れない」と受け入れない。

石田は、喜一郎の二十年前のせりふを口にした。このとき、自動織機事業から自動車進出に反対した石田に対し、喜一郎は「素晴らしい乗用車を造り上げ、君にも一台やろう」と見えを切っていた。石田が「あの約束を果たしてもらいたい」と詰め寄ると、喜一郎は折れた。

復帰を決意した喜一郎は意気盛んだっ

九州への旅先で写真に納まる豊田喜一郎（左から２人目）と梅原半二（同３人目）ら＝1950年撮影（トヨタ自動車提供）

た。章一郎によると、持病の高血圧に対し「自分の血を片方の手から抜いて、もう一方の手に輸血する療法も試していた」といい、健康管理により気を使うようになる。

だが三月に入り、喜一郎は東京で脳出血で倒れる。次第に意識がなくなり、寿命は二週間ほどしか残されていなかった。

名古屋にいた章一郎は「すぐそばに行くと興奮して血圧が上がるといけない」と、喜一郎に話し掛けるのも控えた。ただ、父の最期については「倒れてからも、始終『紙と鉛筆を持ってこい』と叫んでいた」と社内報に記す。喜一郎が病床で書いていたのは、主に織機の発明や開発の記録だった。

喜一郎は七月の社長復帰を待たず三月二十七日、五十七歳で死去した。後を追うように六月、喜一郎の義兄でトヨタ初代社長だった利三郎も六十八歳で他界する。「何が何でも乗用車をやれ」。利三郎は常務だった豊田英二に病床で遺言を絞り出した。

外国車に対抗できる国産乗用車の製造は、道半ばだった。トヨタ創業期を率いた二人が相次いで世を去ったこの年の七月、二十七歳の章一郎が取締役として入社する。

9 商人魂　無借金へ倹約

倒産寸前のトヨタを託された石田退三は、社長就任直後に朝鮮戦争の特需で危機を脱すると、真っ先に考えたのが銀行への返済だった。

「石田退三語録」には「わしは前にも増してがめつうなった。けちんぼと言われようが、意地になってカネをため、銀行に返した」とある。トヨタ無借金経営の第一歩が始まった。

石田は、前任者の豊田喜一郎が銀行をたらい回しにされ味わった辛苦を忘れない。商人《あきんど》出身で、金の恐ろしさとありがたみが身に染みている。だからこそ、一九四九年末、トヨタ救済の協調融資に唯一、応じなかった当時の住友銀行とは、取引を再開しようとしなかった。

ひ孫の石田泰正（39）＝名古屋市瑞穂区＝は二〇〇六年冬、退三が住んだ愛知県刈谷市の実家の地下室で、住友銀から退三あてに届いた歳暮や中元が手つかずのまま積み上げられているのを見つけている。父親からは「頭取クラスが退三におわびに来た」と聞いていたが、退三のわだかまりは終生、消えなかったのだ。

退三は一八八八年（明治二十一）十一月、愛知県知多郡小鈴谷《こすがや》村（現常滑市）の農家に生まれた。同郷の出身にソニー創業者の盛田昭夫（故人）がいる。旧制の滋賀県立第一中学（現彦根東高校）を卒業し、そこで近江商人の「しまつ（倹約）」の精神に感化される。

その後、名古屋の繊維問屋服部商店（現興和）で商才を磨く。駐在員として赴いた上海で、現地に紡織工場を建てた豊田佐吉と取引を通じて知己を得る。いつも眠ったように目を閉じながらたばこを吹かす佐吉が、たまに口にする言葉を退三は生涯、大切にした。

「おい石田、おまえは商売人なら、カネもうけしてくれ」

退三は自著や対談で折にふれこのせりふを紹介し、「発明家は研究で、商売人は金もうけで、お国に尽くせばよい」と単純明快に教えられたと述べている。

退三が三十一歳のとき、一大転機が訪れる。「師匠」と仰いでいた服部商店の主人、服部兼三郎が首をつったのだ。

服部は大不況の折、「取引先も大変だろう」と売掛金を回収せず、自社の資金繰りに行き詰まる。悩んだ末、社の再建に自分の生命保険を充てることを遺書に記した。退三は「みずからの命をたって

自宅前で、妻政尾と並ぶ石田退三。トヨタが大企業になってからも、自宅ではいつも和服でつましい生活を送っていたという＝1960年代、愛知県刈谷市で（石田泰正さん提供）

も、企業の生命を守ろうとする気概、根性」に打たれたと、自著「商魂八十年」で述懐する。

泰正はこの体験が、後に広く知られる退三の経営哲学「自分の城は自分で守れ」の原点だと考えている。服部商店の経営はその後、再建で服部家から離れる。「経営に失敗すれば城を失うというのも、強烈な印象だったはず」と泰正は思いをはせる。退三はトヨタ社長を引き受けるとき、豊田家が「城」を失うことがないよう、喜一郎の早期復帰を望んだ、とも言う。

泰正が知るトヨタ社長としての退三も、無駄遣いには厳しい。大阪の出張先で河原にござを敷いて弁当を食べていた。トヨタの経理部にいた一人娘の夫が社の経費で飲食しているとのうわさを聞くと、娘を離婚させたほどだ。

退三は六一年までトヨタ社長を務め、銀行に頼らずとも経営が成り立つ資金力を築き上げる。死去した喜一郎に社長を引き継げなかったが、六七年に会長として喜一郎のいとこ、豊田英二の社長就任を見届ける。

10　労使結束　世界に挑む

巨大な遺影が、政財界の重鎮も集まった会場に柔和な笑顔を注ぐ。二〇一三年十一月、白菊の生花が敷き詰められた祭壇の前に、モーニングコート姿のトヨタ名誉会長、豊田章一郎が立った。

　この二カ月前、最高顧問の豊田英二が百歳で死去した。章一郎から見ると英二は父喜一郎のいとこ。だが、十二歳年上の英二は「親しい兄」であり、時には「親代わり」でもあった。

　お別れの言葉で、章一郎は英二の功績をこう切り出した。

「労使の相互信頼をはじめ、難局に果敢に挑戦された」

豊田英二へのお別れの言葉をささげ、降壇するトヨタ名誉会長の豊田章一郎＝ 2013 年 11 月 25 日、名古屋市内のホテルで

　社長、会長として排ガス規制や日米貿易摩擦対応など、数々の決断をした英二だが、章一郎が真っ先に触れたのは、トヨタの世界的な競争力の源泉となる「労使協調」だった。

　事実上の大量解雇と喜一郎の社長辞任という深い傷を労使双方に負わせた一九五〇年のトヨタ労働争議で、英二は三十代の取締役だった。技術部の大将として二千人から「つるし上げ」を受けたと、自著「決断」で記す。それでも争議中、従業員との信頼重視を切々と説いた。

「あの争議を繰り返さない」のは労使共通の認識となったが、米欧メーカーがうらやむ協調路線が一朝一夕でできたわけではない。争議後に特需で経営が上向いても賃上げデモは散発した。「悩みの種　低賃金」「ストだ、闘いだ」と墨書きしたビラがたびたび、社内を埋め尽くした。

争議終結から十二年がたとうとしていた六二年初め。当時三十六歳の坪井珍彦《うずひこ》（現ジェイテクト顧問）が組合との窓口となる労務係長に着任すると、早々に上司から「労使宣言」のたたき台づくりを命じられる。

このころ、英二や章一郎らが完成に心血を注いだ日本初の乗用車専用工場、元町工場で、コロナ、パブリカといった大衆車の生産が軌道に乗っていた。社内で「労使がまとまる時期に来ていた」と坪井は振り返る。

まだ労使協調に対し「なれ合い」批判が強い時代で、参考になる前例もない。それでも坪井は役員や労組幹部ら二十〜三十人の間を走り回り、ひと月程度で文面をまとめる。

六二年二月二十四日、相互理解と相互信頼を旨とする「労使宣言」が調印された。坪井は調印式典で、上司に『〜の上に立ち』という組合用語がたくさんあるな」と、半分からかわれたのを懐かしがる。

英二は六七年、社長の中川不器男《ふきお》の急逝を受け、副社長から社長に昇格する。労使交渉で英二は、協調の中にも成果を厳しく求めた。

トヨタ労組元執行委員長、小田桐勝巳（75）は七〇年代前半、週休二日制導入をめぐる交渉で、英二が発した冷徹なひと言が忘れられない。

「時間を短くするのはいいが、労働の質を高めなければアメリカには勝てない」

英二は無駄を徹底排除し、欧米の生産性に打ち勝つ「トヨタ生産方式」の確立にも心を砕いていた。

社が厳しい国際競争に勝ち抜くため、労使「なれ合い」に陥ってはならなかった。

「トヨタ生産方式が根付いているのは、労使関係がしっかりしているからです」。小田桐は後に、英二から労組のパーティーでこうねぎらいの声をかけられたのを覚えている。英二にとって生産性と労使協調は、常に経営の両輪をなす一体のものだった。

メモ　トヨタ「労使宣言」　3年後に乗用車の輸入自由化を控えた1962年2月、労使の結束で国際競争を乗り切ろうと、当時の社長中川不器男と労働組合執行委員長加藤和夫が調印。B4判1枚に約1200字にまとめられ、(1)自動車産業の興隆を通じて、国民経済の発展に寄与する(2)労使関係は相互信頼を基盤とする(3)生産性の向上を通じ企業の繁栄と、労働条件の維持・改善をはかる、の3点を柱とする。96年に労使関係を再確認した「21世紀に向けた労使の決意」に「戦後の混乱期の中でともに辛苦を重ねた経験から、労使は、お互いの理解と信頼に基づく健全で公正な労使関係を築き上げることが何よりも大切であることを学んだ」とある。

11 原爆の恐怖　工場に

トヨタの経営危機といえば、終戦後の労働争議と、二〇〇九年から一〇年にかけての大規模リコールが挙げられるが、太平洋戦争も創業間もないトヨタに大打撃を与えている。

終戦前日の一九四五年八月十四日午後三時ごろ、愛知県挙母町（現豊田市）上空に米軍爆撃機B29三機が飛来した。三十一歳の取締役だった豊田英二は郊外の山間部でオートバイを運転中、トヨタ本社に向かう機影に気付く。

比較的、内陸部のトヨタ周辺はそれまで戦火を免れていた。トヨタは山裾をくりぬいて造った半地下の工場に工作機械を疎開させており、英二はその巡回中だった。

英二の長男、幹司郎（73）＝アイシン精機会長＝は本紙取材に、英二が生前、話していた工場爆撃の瞬間を次のように語っている。

機影から爆弾が放り出されたのが見えると、英二は「あっ、落とした」と首をすくめた。脳裏に、数日前に広島に落とされた「新型爆弾」がよぎっていた。

英二は、原子爆弾の原理を米国の雑誌で読んで知っていた。広島への投下に「この短期間で完成させたのか」と米国の科学力に舌を巻いていた。

トヨタを狙った空爆では大型爆弾三発が落とされ、一発は本社の防火水槽に、残り二発は社宅付近と矢作《やはぎ》川河川敷に落ちた。本社工場の四分の一が壊れたが、従業員は避難しており犠牲者はなかった。

その日、幹司郎は四歳の誕生日で、本社から約一キロの自宅にいた。爆風で窓ガラスが割れ、手を切ったことを覚えている。当時の日本人が知る最大級の「一トン爆弾」だったと聞いた。

だが半世紀近く後になって、父英二が感じた恐怖が半分、当たっていたことを知る。長崎の原爆投下に参加し、トヨタ空爆で工場に命中させた元米軍パイロット、フレデリック・ボック（故人）が、トヨタに落としたのは「原爆投下の練習用爆弾だった」と明かしたのだ。

「豊田市平和を願い戦争を記録する会」事務局長、冨田好弘（70）によると、ボックは晩年、英二の自著などを目にして、九三年に当時名誉会長

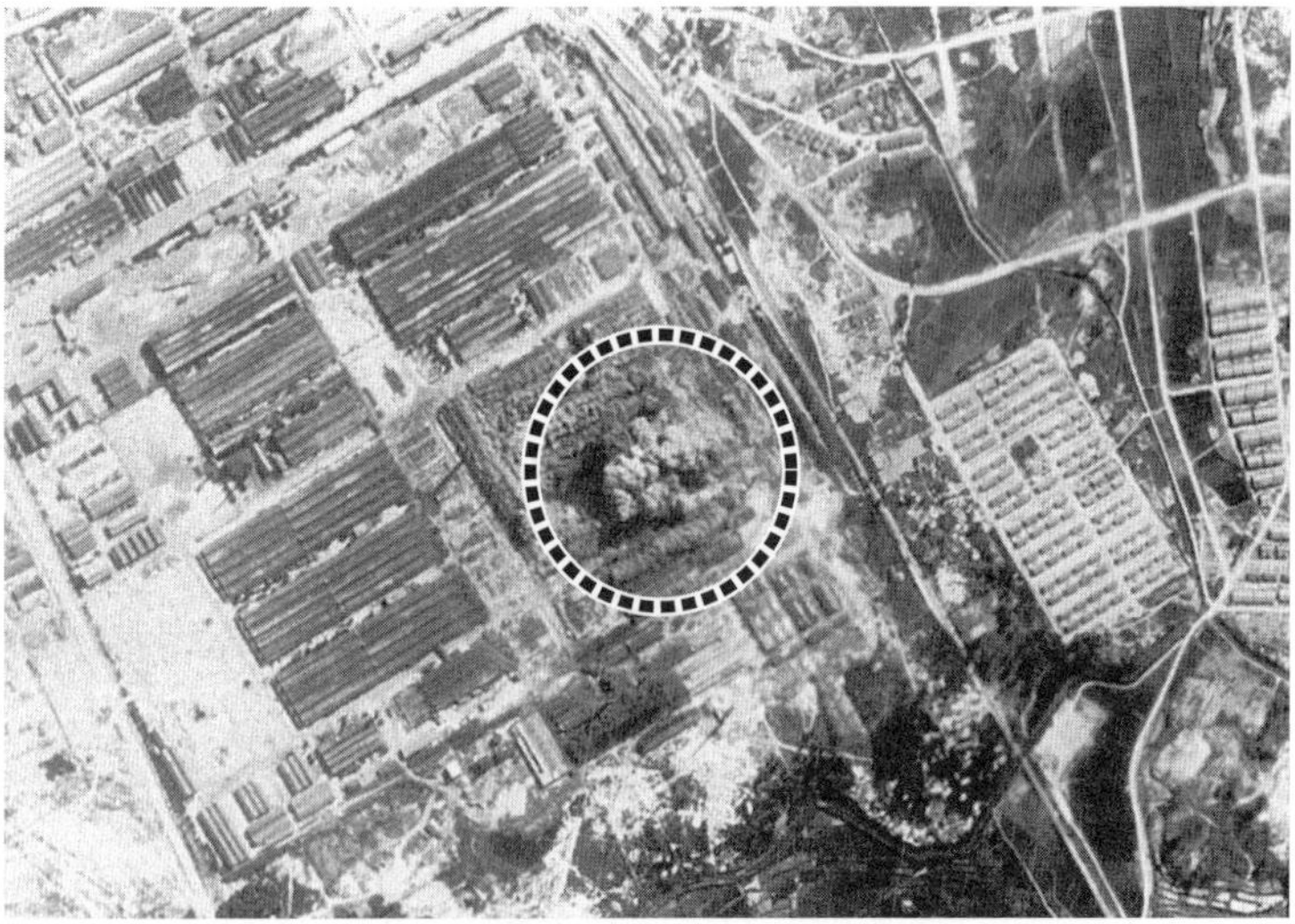

トヨタ本社工場で爆発した米軍の模擬原爆（中央の点線で囲った部分）＝1945年8月14日、愛知県挙母町（現豊田市）上空で米軍が撮影（米空軍歴史資料室所蔵、2013年8月発行の「原爆投下部隊」から）

の英二に手紙を送る。そこでボックは、爆弾はトヨタ社史に記されている「一トン爆弾」でなく、「長崎に落としたファットマンと同型の模擬原爆」と説明した。余っていた練習用とはいえ、五トン爆弾級の威力を持っていた。

もっともトヨタは、この被弾前に会社としての自由を完全に失っていた。四四年一月に軍需工場に指定され、翌年六月には社名も奪われ、本社工場は「護国第二十工場」と呼ばれた。

当時社長の豊田喜一郎は国産の乗用車造りを目指していたが、軍が発注するトラックを造るしかなくなっていた。物資が不足し、やがてヘッドランプは一つだけ、あるいはブレーキは後輪だけ、というトラックも戦地に送り出す。

喜一郎は工場に寄り付かなくなる。「自分の子どもみたいな軍の監督官が来て、社長みたいなこと言うんだから面白くないですよ」と、長男章一郎は父の心境をおもんぱかる。

四五年八月十五日、玉音放送が工場に流れると、トヨタの立ち上がりは早かった。二日後にはヘッドランプが二つあり、前輪後輪にブレーキがあるトラックができ上がった。

そのころ米軍調査団がトヨタを訪問し、英二はちらりと見えた資料に「背筋が寒くなった」と、自著で回想している。八月二十一日に挙母町を本格空襲する予定が書き込まれていたからだ。終戦が六日遅ければ、トヨタも壊滅状態にされていたことになる。

12 敗戦の欠乏　海外へ扉

終戦とともに、戦地から従業員が続々と引き揚げてきた。一九四六年四月、トヨタは社内に臨時復興局を立ち上げる。社長の豊田喜一郎はまず、重苦しい戦時色を取り払おうと、床の張り替えを命じた。そして敗戦後も社にとどまった従業員三千七百人の衣食住を満たす事業をあれこれ考え始める。

工場では部品をひっかき集めてトラックを組み立てるとともに、なべやフライパン、電気こんろも作っていた。大卒入社二年目の楠兼敬《くすのきかねよし》（91）は四七年ごろ、喜一郎から直々に「でんぷんをつくる設備を設計しろ」と指示を受けた。

工場のそばの荒れ地ではキクイモを栽培しており、楠はそれをすりつぶしてろ過する仕組みに知恵を絞ったことを覚えている。

「トヨタ自動車75年史」によると、そのほかにも人工甘味料、薬草、せっけん、洋食器、ドジョウの人工養殖などの取り組みがあった。後に副社長となる楠は「どんなことがあってもトヨタが生きていけるよう考えたのでしょう」と、喜一郎の懸命さを受け止めている。

喜一郎の長男、章一郎は当時、名古屋・八事の自宅の庭に温室ハウスが立ち並んでいたことを鮮明に記憶している。

もともとは喜一郎の趣味の庭いじりが高じたもので、やがて住所の南山町の地名から「南山農園」と呼ばれるようになる。野菜やメロン、バナナを栽培していたが、終戦後は単価が高いカーネーションも育て、花束にして自転車の荷台に載せ、売り歩いた。

東京・赤坂の自宅も空襲で焼き払われていた。章一郎は「どうやって食っていくか大変で、ウズラを飼ったり、古本屋もやったりしていた」と語っている。

喜一郎はその合間を縫って、乗用車の生産を禁じたＧＨＱ（連合国軍総司令部）に解禁を掛け合う。四七年六月の解禁を待ちきれず、早々と小型車用エンジン開発を始めた。ただその後、労働争議の混乱が広がり、乗用車どころでなくなってしまう。

このころ喜一郎は、豊田一族の若者たちが名古屋で集まる「いとこ会」の席にひょっこり顔を出し、こんなことを言っている。

「もう日本じゃ生きていけないから、ブラ

温室が庭に並び、「南山農園」と呼ばれた豊田喜一郎邸。終戦後は販売用のカーネーションを育て、生活の足しにした＝1933年、名古屋市で（麓和善著「旧豊田喜一郎邸」から）

ジルにみんな引っ越そうよ」

その場にいた章一郎によると、豊田英二のいとこで後にアイシン精機社長となる豊田稔（故人）に「見てこい」と、現地視察に行かせる話まで出た。章一郎は「だからトヨタのブラジル進出は早かった」と、本紙取材に語っている。

「トヨタ30年史」によると、実際にトヨタがブラジル進出に動くのは、喜一郎の死から二カ月がたった五二年五月だ。現地調査に監査改良室の弓削誠を向かわせた。技術者の弓削は労働争議中、人員整理の撤回を求め、喜一郎に直談判した労働組合の指導者だった。

弓削の調査を受け、五八年にブラジルトヨタが設立され、初代社長に英二が就いた。六二年十一月、トヨタ初の海外自動車工場がサンパウロ近郊で稼働した。トヨタは二〇一四年現在、二十七カ国・地域に海外生産工場を展開するが、その原点はブラジルだ。

食うや食わずの終戦後に、喜一郎が悩んだ末に発したひと言が、思いがけずトヨタに世界への扉を開いたのだった。

第三章

新社長襲う リコール危機

リーマン・ショックによる赤字転落の悪夢から覚めやらぬ2009年秋から10年にかけ、トヨタを大規模リコールが襲った。米司法当局は14年3月まで「欠陥隠し」の疑いで捜査を続け、トヨタが車メーカーへの制裁金として史上最高の12億ドル（当時のレートで約1200億円）の支払いに応じることで、一応の区切りとなった。トヨタが労働争議以来の危機をどう乗り切り、何を教訓としたのか。関係者の証言で浮き彫りにする。

1 証言席　迫る米国の壁

後楽園の深い緑を望むトヨタ自動車の東京本社社長室。壁際には、社長の豊田章男の思い入れのある写真が並ぶ。その中の一枚は、ワシントンの連邦議会議事堂内の一室で写した豊田の姿だ。

二〇一二年夏、豊田は約二年半ぶりに米議会を訪れていた。休会中の下院の委員会室で、係員に断って壇上の議長席に登る。

高さはたった一メートルほど。見下ろした風景に「こんな程度の高さだったのかなあ」と拍子抜けした。

前回は、大規模リコール（無料の回収・修理）をめぐる公聴会に呼び出され、この部屋に来た。「欠陥隠し」を疑われ、「社長なのになぜ知らないのか」と問い詰められた。証言席から見上げた時、議長席は壁のようにそびえ立って見えたのだが。

米国では〇九年夏、レクサスが高速道路で制御不能に陥り四人が死亡した事故をきっかけに、トヨタ車の「意図しない急加速」問題が社会問題となった。トヨタは翌年にかけ、世界中で延べ一千万台以上のリコールを余儀なくされる。

戦後間もなくの労働争議で創業者の豊田喜一郎が社長を辞任して以来、トヨタは最大の危機を迎えていた。くしくも試練に立たされたのは喜一郎の孫で、トヨタ社長となっていた豊田章男だった。

公聴会五日前に米国入りした豊田は、宿舎の自室で一人、思いをまとめていた。「どうすればトヨタという会社と、私という人間の本当の姿がわかってもらえるのか」。常に持ち歩くＡ５判ノートに、丸みを帯びた自筆で書き込んでいく。

ただ、米国入りしてからまともに睡眠が取れていなかった。夜、目を閉じると、日本での記者会見で攻め立てられた自分の姿が、まぶたに浮かんでくるのだ。

約三週間前の一〇年二月五日。ＪＲ名古屋駅前のトヨタ名古屋オフィスで夜九時、緊急会見が始まった。

会見場に入った社長は、ストロボの光を浴び真っ白になる。その胸に、鮮やかなオレンジ色のネクタイが浮かび上がった。

「多くのお客さまに大変なご迷惑とご心配をおか

夜中の緊急記者会見で頭を下げるトヨタ自動車社長の豊田章男＝2010年2月5日、名古屋市で

けし、心からおわび申し上げます」。豊田が深々と頭を下げる。「社長」ならぬ「謝長」になったと自嘲する、おわび行脚の始まりだ。

前年秋から米国を中心にカムリ、カローラと、主力車種を続々とリコールしている。ここにきて看板車種の新型プリウスでも「ブレーキが利きにくい」という苦情が日米両国で急増し、ついにトップが公の場で語ることになった。

東京からも報道陣が駆けつけ、英国放送協会（ＢＢＣ）は生中継を始めた。

「アメリカにはどう説明するつもりか」。待ち構えた報道陣から質問が飛ぶが、「アメリカ当局には全面協力したい」などと、答えは一向に具体策に踏み込まない。

約三十分が経過し、トヨタ広報が会見を打ち切ろうとすると、報道陣は「まだ手を挙げている人がいる」と抗議の声を上げた。

豊田は今、この場面を振り返り、「そもそも、あの場面でオレンジのネクタイは全然だめ。何も分かっていなかった」と反省する。

すべてが後手に回っていた。

社長会見は当初、想定になかった。プリウスへの苦情急増に対しては、当時の品質担当常務役員、横山裕行（62）が前日、東京で記者会見している。そこで技術論を含め説明が済むはずだった。

だが当の横山は、その日の朝になって初めて、自分が会見すると知らされた。原稿も図も用意する間もなく、会見に臨む。

横山は、記者から「ブレーキの不具合なのか」と問われ、「車両の欠陥ではない」と答えつつ、「運転感覚と車両の動きがずれる」と説明する。話が伝わらず、「ブレーキを踏み増せば止まります」と押し切ってしまう。

横山の会見後、名古屋駅前のトヨタのコールセンターでは、四十席ある応答デスクのランプが点灯しっぱなしになった。

『感覚のずれ』ってどういうこと？」

平常時の苦情電話は一日平均三十件未満だが、この日は六百六十件を超えた。これと前後して、米国運輸省が「プリウスの調査を始める」と発表。運輸長官レイ・ラフード自らが豊田に電話を入れ、「これは緊急事態だ」と伝えてきた。

豊田は「トップが出て話すしかない」と腹をくくる。金曜日の夕方だった。周囲は「週明けまで待ってほしい」と止めたが、豊田は一喝した。

「週末に車に乗る人は多い。顧客の不安をほうっておいて、どうやって週末を乗り切るんだ」。緊急会見は四時間後に設定された。

社長の謝罪会見でも、世間の不信は収まらない。翌日の苦情電話も三百八十四件に上った。

メモ　大規模リコールと米国の反応　２００９年８月下旬、米カリフォルニア州で起きたレクサスの衝突死亡事故をきっかけに、米国でトヨタ車の「意図しない急加速」が社会問題化。トヨタは①ブレーキペダルが床マットに引っかかりやすい②アクセルペダルの戻りが鈍くなるときがある③プリウスなどでブレーキの利き方が不自然―の３つの不具合を認め、リコール（無料の回収・修理）を余儀なくされる。09年11月から10年２月にかけ、全世界で延べ１０００万台以上が対象となった。10年２月に米下院は豊田章男社長を公聴会に呼び、情報開示や対応の遅さを追及。さらに米メディアの一部は「燃料を噴射する電子制御に欠陥がある」と、トヨタの欠陥隠しを主張し、トヨタは全面否定に追われる。米航空宇宙局（ＮＡＳＡ）も加わった調査で「電子制御の欠陥はなし」となったが、米運輸省は一連のトヨタの「報告の遅れ」に対し６６００万ドル（当時のレートで約66億円）の制裁金を科した。さらに米司法省は14年３月、トヨタが「情報隠しをしていた」と認定。トヨタは12億ドル（同１２００億円）の和解金を支払い刑事訴追を免れた。

2 怒る議会「社長も呼べ」

すべてが白く凍り付く真冬の北海道士別市。トヨタ会長の内山田竹志は二〇一〇年二月初め、雪道でひたすらプリウスのブレーキを踏み続けたのを覚えている。

新型プリウスのブレーキを滑りやすい路面で踏むと「抜けた感じがする」という苦情が日米で急増していた。データの上ではブレーキに問題はなく、内山田にはどこが悪いのか、苦情がピンときていない。しかし沸騰する日米の世論を前に、結論はリコールしかなさそうだった。

社長の豊田は記者会見で弁明に追われ、トヨタは品質保証や技術の部門を挙げて「抜けた感じ」の原因究明を急いでいた。初代プリウスの開発責任者の内山田も富士山麓のテストコースに向かい、自らハンドルを握った。

人工の滑りやすい路面でブレーキを踏んでみたが、自分の感覚ではしっかり止まる。「自然の雪面なら、何かが分かるかもしれない」と思い立ち、週末を利用してトヨタの寒冷地用テストコースがある士別にやってきた。

コースから一般道に出て、雪道の先の赤信号を見ながら、じわりとブレーキを踏んだ時のこと。速度の落ち方が自分のイメージよりも鈍い。ペダルを柔らかく踏み続けると、ブレーキの利きが一瞬、緩んだように感じるのだ。

「ああ、これなんだ、これなんだなあ」。ブレーキを制御するコンピューターの設定が、人間の感性と合っていないのだろう。対策への手応えをようやく感じた。

全世界でプリウスのリコールが始まると、そのタイミングを見計らったかのように、米下院の監視・政府改革委員会がトヨタの米国法人に公聴会への出席を求める手紙を送る。出席の返事を出したのは、北米トヨタ社長だった稲葉良晛《よしみ》（68）だった。

プリウスのリコールで、ブレーキ制御のコンピューターソフトを書き換える整備士＝2010年2月10日、金沢市の石川トヨタ本社で

開催予定日の二月十日の前夜、ワシントンは記録的な大雪に見舞われる。公聴会は二週間、延期された。この延期により「日本から豊田社長も呼べ」という声が上がり始める。

大規模リコールのきっかけとなる死亡事故があったカリフォルニア州の議員は「日本から社長が来ないなら召喚する」と息巻いた。この時点で、日本のトヨタ本社には議会の招致が来ておらず、稲葉だけの出席表明になった。

「アメリカには『日本の最高責任者は無関心だ』と伝わった」。米国のトヨタ研究の第一人者、ミシガン大教授のジェフリー・ライカーは、当時の米国側の受け止め方をそう解説する。

〇八年秋のリーマン・ショック以降、議会はウォール街の金融機関や経営危機のゼネラル・モーターズ（GM）の経営トップを次々と公聴会に呼びつけ、「強欲」「負け犬」などとなじり、経営責任を追及していた。ライカーに言わせれば、トップの公聴会出席は、不祥事を起こした企業の「通過儀礼」だった。

米国の厳しい雰囲気を受け、稲葉はトヨタ名古屋オフィスにいた豊田に電話を入れ、議会の出席要求を伝える。豊田は電話を待ち構えていたかのように即答した。「はい、伺いますよ」。

3 追及、答弁かみ合わず

ワシントンの空気は、想像以上の厳しさだった。

米下院監視・政府改革委員会に呼び出された豊田は二〇一〇年二月下旬、名古屋から空路で米国入りした。公聴会の五日前の到着だった。

空港で待ち構えた報道陣を避け、車で一時間ほど離れた現地販売店の経営者の別宅に向かう。テレビをつけると、リポーターが「トヨタの社長の行方が分かりません」と顔写真付きで報じている。

「まるで指名手配犯だな」と苦笑するしかなかった。ワシントン市内のホテルに移る際も、裏口から入った。

公聴会に向けて三日間、北米トヨタ社長の稲葉良睍らとともに証言の準備を進めた。稲葉は重要ポイントを頭にたたき込もうと必死だったが、豊田は連日、午前中で引き揚げていった。

「社長は随分、余裕があるな」

稲葉は思ったが、豊田は自室に帰ると夜中でもとび起き、自分なりの証言準備を、持参のＡ５判ノートにメモしていた。

稲葉は、トヨタ社内留学制度の第一期生で、社内で屈指の米国通だ。その稲葉も、米議会公聴会で証言を求められ、二メートルの至近距離でカメラの放列に迫られたことはない。

公聴会当日の二月二十四日、稲葉はその日が自分の誕生日であることも忘れ、壇上に居並ぶ議員たちを見詰めた。「同じ人間が座っている」と心を静めた。

証言席に着き、右横の豊田を見やる。豊田はスーツの内ポケットから小さなノートを取り出し、机に広げていた。

公聴会は現地時間午後二時すぎ、日本では夜明け前の翌朝四時すぎに始まった。愛知県豊田市と東京の両本社には、日付が変わるころから幹部が続々と役員会議室に集まった。

普段は世界各地の拠点とのテレビ会議に使われる幅二メートルほどの大画面は、米議会専門チャンネルを映し出した。画面にはしきりに英語で「トヨタ創業者、喜一郎の孫」のテロップが出る。豊田の実父で名誉会長の章一郎もスーツ姿で画面を見守った。

質疑は通訳を挟むため、冒頭からうまくかみ合わない。

「リコール問題を社内で議論したことがあるか」という質問に、豊田は「社の成長が速すぎた。社内では『もっといい車をつくろう』と訴えている」と理念を前面に答えた。答えの長さに議員はいらだつ。「質問

米下院公聴会で、トヨタ自動車社長の豊田章男らの説明を聞く議員たち。右は議長のタウンズ（民主）＝2010年2月24日、米ワシントンで（AP）

にストレートに答えてほしい。こちらも紳士的に振る舞っている」と気色ばんだ。

豊田が、「つい三カ月ほど前まで問題の深刻さを知らなかった」と述べると、別の議員は「社長がそこまで知らされない会社があるのか」とあきれたように話した。

ただ、味方もいた。トヨタの工場があるケンタッキー州の議員は、持ち時間五分をフルに使ってトヨタの雇用面での貢献を持ち上げ、「根拠のない批判は地域経済にマイナスだ」と他の議員をけん制した。

トヨタ批判の急先鋒《せんぽう》とみられていた議員も、質問直後に意味ありげに口元を手で覆った。口の動きは「イエスだ、イエス」と促している。そうすれば質問は終わると、助け舟のサインに見えた。

公聴会は三時間二十分で終了、決定的な証言は出なかった。昇りきった朝日が差し込む日本の本社で、幹部たちは通常勤務に戻っていった。

4 孤独ではなかった

豊田章男が常連の名古屋市内の創作料理店には、豊田家ゆかりの写真が飾られる個室がある。その中の一枚は米議会の公聴会後、現地の販売店集会で涙ぐむ豊田の写真だ。

「トップたる者、うるうるするな」と株主総会で出席者から叱咤《しった》された場面だ。だが、豊田本人には「うれしかった瞬間」としていい思い出となっている。

二〇一〇年二月二十四日、公聴会を終えた豊田はその足でトヨタ車販売店の店主たちが自主的に開いてくれた激励集会に向かう。参加者はおよそ二百人。その多くは、公聴会傍聴席にも詰め掛けていた。

参加者を代表して、ワシントン地区に店舗を構え、集会を呼び掛けたジョン・ダルビッシュ（79）があいさつに立った。豊田を「犯罪者のように扱った」として議会への怒りをあらわにした。

「私は移民一世で、アメリカは世界一の国だと思っている。だがこんなひどい公聴会はアメリカの名に恥じる」

祖父が米大リーグ・レンジャーズ投手、ダルビッシュ有の曽祖父と兄弟という老人は、十九歳でイランから医師を目指して渡米した。医学をあきらめた後、二千人を雇う自動車販売会社を一から起こし、「アメリカン・ドリーム」を実現した。

公聴会後、米国ディーラーへのあいさつで声を詰まらせるトヨタ自動車社長の豊田章男＝2010年2月24日、米ワシントンで（ＡＰ）

豊田も二十代の五年間を米国の大学院と証券会社で過ごした。トヨタに入ってからもカリフォルニア州で勤務している。米国で思いがけず非難の的になったが、米国人から「アメリカをこんな国と思わないでほしい」という言葉をかけられ、胸に響いた。

「もっとすばらしいワシントンをお見せする。この街にまた戻ってきてほしい」。ダルビッシュからそう激励され、豊田は謝辞を述べるため演台に立った。

「私は公聴会で一人ではなかった。皆さんや、皆さんの仲間たちが一緒に…」

逆風のトヨタを応援してくれる二百人を目の前に、声が詰まった。胸に込み上げてきたのは「独りぼっちだった会社生活」だった。

トヨタ入社以来、「創業家」のレッテルを背負い、社内で気軽に近寄ってくる人はいなかった。公聴会出席では「ようやく会社の役に立てる」と意気込み、一人で戦っていたつもりだった。だが公聴会を通じ、実は周りに支えられていることに気づいた。

感傷に浸ってはいられない。豊田にはこの日、米ＣＮＮの看板番組「ラリー・キング・ライブ」出演が控えていた。

出演が決まったのは前日の夜。「マスコミ嫌い」で有名な豊田だったが、公聴会を前に突然、同行の社員に「生番組で自分の言葉で全米に話したい」と言い出した。今でこそメディアへの露出も多い豊田だが、「テレビに出たい」と自ら申し出たのはこれが初めてだった。

当日、一人でＣＮＮのワシントンスタジオに入る。ロサンゼルスにいる司会のキングと衛星回線でつながり、豊田が「生涯、忘れることはない」という一対一のインタビューが始まった。

5 I love cars

青いシャツにサスペンダー姿。米ＣＮＮの名物トークショーホスト、ラリー・キングは低いしゃがれ声で、トヨタ社長の豊田章男に淡々と質問を浴びせていた。

「あなたは英語が話せるのに、どうして公聴会でもこの番組でも通訳を使うのか」。キングは冒頭から直球を投げ込んできた。豊田は日本語で応じる。「思いをできるだけ正確に伝えるため、通訳をお願いしました」

番組出演は、「生番組で話したい」という豊田の意向を受け、現地のトヨタ社員が「冷静な報道姿勢のキング」を薦めて実現した。出演を申し入れたのは前日で、予定していた出演者を後回しにすることになるが、トヨタ側はＣＮＮディレクターを「トヨタの社長が公聴会直後に、初めて生出演する」と説き伏せた。

ただ、キングはずばり核心を突く質問で定評がある。公聴会と同様、言い間違いは許されない。生中継のテレビインタビューで問い詰められる危険があった。

恐れていたキングの反応は、公聴会の議員に比べるとあっさりしていた。「母国語で説明したかったと、そういうことですね」と、次の質問に進んだ。豊田の表情から少しずつ、緊張が消えていく。

「創業者の祖父が生きていたら、このリコールに何と言うだろうか」。キングの問いに豊田ははにかみながら答える。「まあ、おじいさんは『おまえが陣頭指揮を執って、お客さまの信頼を取り戻せ』と言うでしょう」

三十分弱のやりとりの締めくくりに、キングは視聴者から寄せられた質問を一つ選んだ。「あなたはどんな車に乗っていますか」

よくぞ聞いてくれた、と、豊田の声は弾む。「年間に（試乗を含め）二百台は運転しているので、どの車とは言いにくいです。車が好きなんです」

最後のひと言は、予想通り「I love cars」と英訳された。キングは「ふふっ」と軽い笑い声を漏らす。豊田は「伝わったな」と確信した。

この二年半後、豊田は引退したキングをカリフォルニア州に訪ね、聞いてみた。「なぜ最後にあの質問を選んだのですか」。八十歳近いキングはこう答えた。「話をしながら、あなたが車好きだと思った。あなたの人柄を最大限、引き出せる質問をしたんだよ」

米ＣＮＮに生出演し、ラリー・キング（左）の質問を受ける豊田章男＝2010年2月24日、ＣＮＮ提供

その後、内山田竹志、佐々木真一の両副社長も米上院の公聴会に呼ばれるが、米世論の批判ムードは豊田の訪米を境に収まっていく。

ただ、それ以降もトヨタ車「急加速」の発生は簡単に収まらない。

豊田の公聴会から約二週間後の二〇一〇年三月九日朝。ニューヨーク市郊外ハリソンの警察署長アンソニー・マラッチーニは出勤途中、一台のプリウスが石垣に正面から突っ込んでいる現場に出くわす。

「これは大ニュースになる」。直感したマラッチーニは、その場で署に電話を入れて「完璧な事故処理をしろ」と指示する。

「うちの署が事故車を生け捕りにしたぞ」。マラッチーニは、自分の手で全米注目の問題を解明できると興奮していた。

6 急加速　くすぶる疑惑

プリウスで石垣に正面衝突した家政婦のグロリア・ローゼル（56）は、警察の事情聴取にてきぱきと答えていた。

「家から出ようとしたら車が勝手に加速し始め、ブレーキが利かなかった」

事故車の二〇〇五年型プリウスは、リコール対象だ。ハリソン市警察の署長マラッチーニは「トヨタ車の急加速事故の典型例だ」と確信を深めていく。

トヨタ社長の豊田章男が二週間ほど前、下院公聴会で証言したものの、急加速の原因ははっきりしないままだ。トヨタはブレーキの利きにくさや、アクセルペダルの戻りにくさを認めて度重なるリコールをしているが、「電子制御の欠陥」を疑うマスコミ報道は後を絶たない。

マラッチーニは、この事故が「真相を確かめる絶好の機会だ」と意気込み、「完璧な捜査」を決意する。雨や日光から事故車を守るため大型テントで覆い、監視カメラも付けた。その上で米国家運輸安全委員会や運輸省に連絡すると、ワシントンから捜査官や技術者がやってきた。

ただし証拠となるのは、アクセルやブレーキの動きを記録する車載コンピューターで、解析にはトヨタの協力が必要だ。マラッチーニは「公平に捜査する」とトヨタを説き伏せ、技術者七人の派遣を受ける。トヨタの技術者たちは捜査員らの監視の下、データ解析を始めた。

二週間後、記者会見したマラッチーニが出した結論は「ブレーキを踏んだ形跡はなかった」。事故原因は「アクセルとブレーキの踏み間違い」だった。

この結末に、新発見を期待した記者からは落胆の声が漏れる。記者たちを納得させるため市警は捜査データのすべてを公開した。

ハリソン市警の捜査結果があっても、全米が納得するわけではない。南イリノイ大学の自動車工学科准教授デービッド・ギルバート（56）は、トヨタ車の電子部品は外部の電磁波の影響を受けやすいと主張し続けた。実験で、アクセルを踏み込まなくても「暴走」することがあると実証したというのだ。

本紙取材にギルバートは「自分のトヨタ車を実験台に使った、公正な実験だ」と強調し、結果に今でも自信をみせる。ギルバートは米議会でも証言し、ABCテレビでは実験番組を監修した。エンジン回転が突然、はね上がるトヨタ車のメーターの映像が全米に流れた。

これにはトヨタも猛然と反論する。ギルバートが遠く離れた配線同士を無理やり接触させて安全装置を外すなど「現実ではありえない想定で実験した」と批判した。

くすぶり続ける電子欠陥疑惑に、米運輸省は一〇年三月三十日、米航空宇宙局（NASA）に調査を依頼する。世界最高の宇宙科学技術を使い、一自動車メーカーの欠陥疑惑解明に乗り出すことになった。

「これでクロと判定されたらどうするんですか」。初代プリウス開発責任者の内山田竹志に、海外メディアの記者はただした。普段は慎重な物言いの内山田だが、このときはきっぱりと言い切ったのを覚えている。

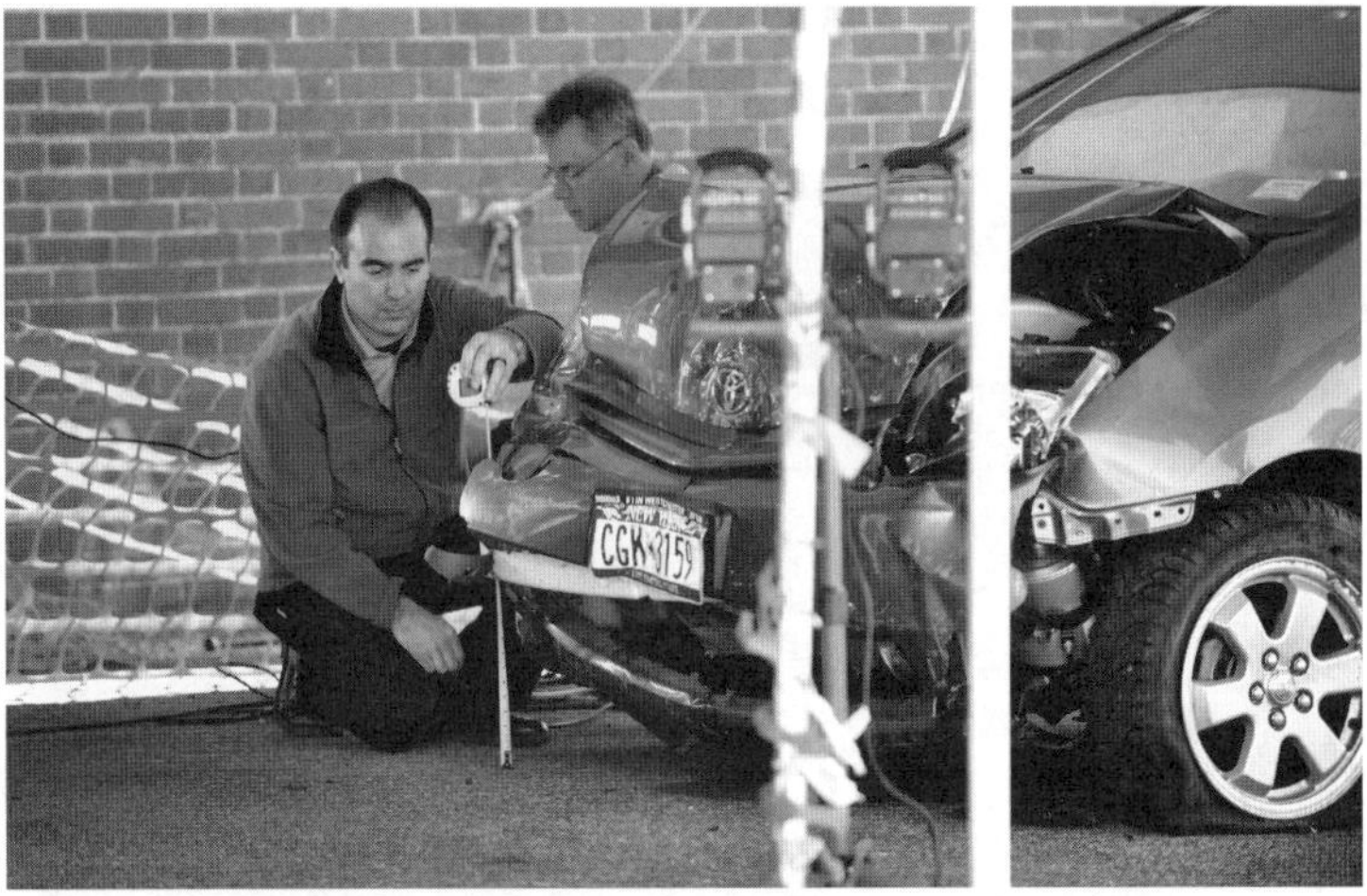

事故車両のプリウスを検査するトヨタの技術者ら＝2010年3月17日、米ニューヨーク州のハリソン市警察で（AP）

「絶対にシロになります」

7 疑い晴れ　誠意で和解

米航空宇宙局（ＮＡＳＡ）も加えたトヨタ急加速の調査は、開始からおよそ十カ月を経た二〇一一年二月八日、終結した。記者会見で登壇した運輸長官レイ・ラフードは、結論を手短に告げた。

「トヨタ車に急加速を起こす電子的欠陥は見つかりませんでした」

自分では米国ブランドの大型スポーツタイプ多目的車（ＳＵＶ）に乗るラフードだが、この結果を受け、自分の末娘にトヨタ自動車の米国向けミニバンを薦めている。

レイ・ラフード

一三年秋には、本紙取材に応じて「娘には二人の子どもがいるが、今でも安心してトヨタのミニバンに乗っている」と語っている。

この調査の間、トヨタは一連の大規模リコールの発端となった事故の遺族と和解している。

事故は〇九年八月下旬、カリフォルニア州サンディエゴ市郊外で起きた。非番の高速警察隊員マーク・セイラー（45）が運転するレクサスセダンが時速二百キロ近くまで加速し、道路外で大破した。

「ブレーキが利かない、祈るしかない」という悲鳴を緊急通報に残し、セイラー夫妻と一人娘（13）、マークの妻（45）の弟クリス・ラストレラ（39）の四人が死亡した。

事故車は、販売店が修理のために貸し出した代車で、サイズが大きすぎるゴム製床マットを運転席ペダル下に押し込んでいた。踏み込んだアクセルペダルがマットに引っかかり、戻らなくなったのが原因だった。

セイラー家もラストレラ家も、この事故で血筋を引く跡取りが途絶えてしまった。「遺族はみな七十歳を超えている。その感情は筆舌に尽くしがたい」と、遺族の代理人の弁護士ティム・ペストトニックは本紙に語る。

その遺族感情が和らぐきっかけは、一本の電話だった。

「社長の豊田章男が事故現場に参ります」。トヨタ側から連絡があったという。豊田がリコール問題の米下院公聴会に出席した後、静かに弔いたいという意向を示していた。

遺族は、公聴会の傍聴席で豊田と会ったが、そのときはほとんど言葉を交わすことはなかった。遺族の心に響いたのは、豊田がマスコミを帯同せず、本当にひそかに現場を訪れたことだった。

レクサスが大破し、4人が死亡した現場＝2009年10月、米カリフォルニア州サンディエゴ郊外で（阿部伸哉撮影）

豊田は事故車と同型のレクサスを自ら運転し、事故があった片道三車線の道路を通って現場に向かった。墓地にも、トヨタ幹部が花を供えた。

「極めて日本的だ。共感の押しつけがなく、厳粛な弔意と敬意を感じた」。ペストトニックは、早期の和解に応じた遺族の心を代弁した。

電子的な欠陥の疑惑は晴れ、遺族との和解に踏み出したトヨタだったが、米政府の追及は続く。既に認めていたブレーキやアクセルの不具合への対応が鈍かったことがやり玉に挙がった。

運輸省は不具合の報告が遅かったとして、約六千六百万ドル（当時のレートで約六十六億円）の制裁金を科した。同省が一企業に科した最高額だったが、トヨタは支払いに応じた。

それだけでは済まない。米司法当局も「欠陥隠し」の疑いで、刑事事件として捜査を始めた。

8　「うそ」認定見せしめに

米ニューヨーク連邦検察局は連邦捜査局（ＦＢＩ）を動員し、捜査に乗り出した。刑事事件として、関心事は科学的な欠陥論争ではない。トヨタが消費者と米政府に、本当のことを報告していたかどうかだ。

FBIは、トヨタが米国で予定していたアクセルペダルの設計変更を、二〇〇九年十月にひそかに中止したことをつかむ。

設計変更は「踏んだアクセルが戻りにくい」という不具合への対応だった。中止は突然、口頭で社内に伝えられ、「一切、メモや文字で残さないように」との指示も出ていた。

トヨタは当時、アクセルペダルと床のすき間が狭く、ペダルが床マットに引っかかりやすいとしてリコールを米国で届け出ている。そのとき、床マット以外の急加速の原因は全否定した。

だがこのとき、アクセル部品の材質が原因で、一定の気象条件下でペダルが戻りにくくなる現象が欧州を中心に起きていた。米国でも発生しつつあり、トヨタは設計変更で対応しようとしていた。トヨタはこの問題を、米運輸当局に報告していない。

米司法省は、設計変更を見送ったトヨタの意図を、こう結論づけた。設計変更を実施すれば、床マット以

トヨタへの捜査結果を発表する米司法長官のエリック・ホルダー（右）＝2014年3月19日、米ワシントンで（AP）

外にも「急加速」の原因があることが米当局に分かってしまう。発覚を防ぐため、設計変更を中止し、欧州発の欠陥を「隠した」と。

一〇年一月、米マスコミが「床マット以外でもトヨタ車急加速の事故があった」とすっぱ抜くと、トヨタは欧州発の不具合を米運輸当局に報告する。

米司法省が公表した捜査資料によると、トヨタは米当局に「大きな問題ではない」と釈明している。だが米国のトヨタ社員の一人はその後、社内向けの欧州からの報告書を読み、がく然とする。欧州発のアクセル不具合は「制御不能になる」「安全にかかわる問題」と深刻に表現されている。社の表向きの説明との違いに、この社員はこう叫んだという。

「うそを繰り返していたらだれかが刑務所行きになるぞ。おれはこのやり方に賛成できない」

この言葉は、トヨタ社内から疑問の声が出ていた象徴的な事例として、米捜査資料の冒頭で紹介されている。

捜査開始から四年後の一四年三月十九日、米司法長官エリック・ホルダーが結果を発表した。

罪名「通信詐欺」。うそやまぎらわしい広告による違法取引に適用されるが、自動車メーカーを対象にするのは初めてだ。

法廷で争う手もあるが、トヨタは早期解決を優先して容疑を受け入れる。車メーカーへの制裁金として最高額の十二億ドル（当時のレートで約千二百億円）を支払い、刑事訴追を三年間、猶予してもらうことで合意する。さらに猶予期間中、米政府が承認する監視員を、トヨタが給与を払って受け入れる。監視員には、内部通報用の電話を設置する権限もある。

ホルダーは「他メーカーもこの事例を教訓にしてほしい」と、見せしめ効果を期待した。

北米トヨタは「難しい決断だったが、未来に踏み出すための重要な一歩だ」とコメントを発表した。

だが、司法省決定への評価や交渉過程についてトヨタ幹部は「執行猶予中ですから…」と一斉に口をつぐんだ。

「詐欺」の意図がトヨタのどのレベルまであったのかは不明だ。ただ、社長の豊田章男をはじめ幹部は一連のリコールで「深刻さに気付くのが遅かった」と口をそろえる。

9 米の怒り　テレビで知る

どこでボタンを掛け間違え、米政府や世論を怒らせてしまったのか。

トヨタ会長の内山田竹志が「初めてアメリカの緊迫した雰囲気を実感した」と思い出すのは、出張先の米デトロイトで見たテレビ報道だ。

トヨタが一連の大規模リコールで最初の届け出をしてから三カ月以上が過ぎていた二〇一〇年一月。同僚の副社長だった新美篤志(67)と毎年恒例の北米国際自動車ショーを訪れていた。各メーカーの新型車試し乗りも目的だった。

朝、ホテルでテレビをつけた瞬間、試乗気分は吹き飛んだ。

「私はトヨタ車でこんな急加速を体験した」「トヨタは何かを隠している」。チャンネルを替えても、トヨタたたきのオンパレードだ。

「こりゃいかん」。内山田と新美はすぐに本社の品質保証担当に電話を入れる。「アメリカではもう社会問題だ。これまでの対応じゃだめだ」と伝えた。

だが米国の当局者の認識では、それ以前に「警告」を発していた。米運輸省の道路交通安全局（ＮＨＴＳＡ、ニッツァ）ナンバー２、局長代理ロン・メッドフォードは前年の十二月十五日、部下二人と名古屋を訪れている。

運輸長官レイ・ラフードから「死亡事故が起きている。トヨタ本社に事の重大さを伝えてこい」と指令を受けての緊急出張だった。

ＮＨＴＳＡはトヨタの米国現地法人とリコールの具体策を詰めていたが、米側はいちいち日本からの回答待ちをするトヨタの遅さにいらだちを募らせていた。「トヨタはアメリカで何も決定できない」。ラフー

大規模リコール問題について、「トヨタ車を運転するな！」と大見出しで伝える英紙。報道は世界中に広がっていた＝ 2010 年２月、星浩撮影

ドは後の米下院公聴会で、出張を命じた理由をこう説明している。ラフードは「この出張でトヨタの重い腰が上がるだろう」と期待した。

それでもトヨタ側に、NHTSA幹部が「わざわざ日本に警告に来た」という危機感は伝わらなかった。トヨタ幹部の一人は、米当局幹部が来たのは覚えているが、「韓国かどこかでの会議のついでに日本に寄ったと思っていた」と話す。

社長の豊田章男の受け止めもこのとき、通常の「品質問題」で、経営問題という意識はなかった。リコールするかどうかはあくまで、品質保証担当の判断だった。副社長の新美も「これまで通り、トヨタと米政府の担当者同士で解決する話」だと思っていた。

豊田は「リコールに経営者が口を出すと、現場には『そんなカネをだれが出すんだ』と解釈され、適正な判断ができない」と、あえてトップが介入しない理由を説明する。トヨタは伝統的に「現場が判断し、社長が全責任を取る」体制という。しかし米議会の公聴会では「責任者なのに、なぜ何も知らないんだ」と問い詰められることになる。

加えて豊田の社長就任は、リコール問題が本格化する約三カ月前の〇九年六月だった。リーマン・ショックによる赤字転落直後で、優先課題は「赤字脱却」だった。豊田も「アメリカの臨場感が伝わってくるのに数カ月のギャップがあった」と悔いる。

内山田と新美が帰国した後の一〇年二月、社内に危機管理委員会が立ち上がる。新美が議長となり、副社長六人や品質保証、技術担当に加え、渉外・広報担当も集めた。各部署にすべての情報を上げるよう通達し、「外部に説明責任を果たす」態勢づくりが始まった。ただ、それは豊田が公聴会に呼び出される直前のことだった。

10 重い記憶を忘れない

トヨタが初めて深刻なリコール問題を経験したのは、米国の大規模リコールの四十年前のことだった。

一九六九年六月十一日、当時のトヨタ自動車工業社長、豊田英二（故人）は衆院運輸委員会の狭い参考人席で、質問を受けるたびに立ち上がっていた。日産自動車社長の川又克二（故人）も同席していた。

招致の理由は「欠陥隠し」疑惑で、きっかけは米紙ニューヨーク・タイムズの報道だった。トヨタ「コロナ」や日産「ブルーバード」の故障修理をやり玉に挙げ、「日本メーカーは欠陥を公表せずにひそかにリコールしている」と報じた。

日本の新聞も「国内でも極秘の修理」と後追いする。運輸省（現国土交通省）は自動車各社に国内の修理状況を総点検するよう指示し、国会も反応した。

当時の日本ではリコール公表は義務化されていなかったが、委員たちは「もうけ主義が根底に流れている」「安全への取り組み方が生ぬるくないか」と手厳しい批判を浴びせる。英二は「私どもの技術能力を上げ、安全に力を入れている」と理解を求めた。

　トヨタと日産は、委員会の翌日の朝刊各紙に「公開対策のお知らせとお願い」と題し、コロナなどのリコールの広告を載せる。この直後、リコール公表は義務化される。英二は委員会招致後の社内報で「リコール問題　貴重な体験として生かせ」と呼びかけた。

トヨタ新聞

リコール問題

〝貴重な体験として生かせ〟

従業員の皆さまへ＝豊田社長

豊田社長

発行所
豊田市トヨタ町1番地
トヨタ自動車
工業株式会社
発行部署
総務部広報課
発行人　中条良雄
編集人　立花正昭
印刷所
栄印刷株式会社

ことしのスローガン
開発と信頼性で世界の市場へ
オールトヨタで品質保証

TOYOTA

「貴重な体験を生かせ」と社員に呼び掛けた豊田英二のメッセージ＝トヨタ社内報 1969 年 7 月号から

　後に初代プリウスの開発に携わる元トヨタ自動車理事の八重樫武久（70）は当時、新入社員だった。札幌市の販売店で実習中、夏の街をさまよい、リコール対象のコロナを探し歩いた。対象の年式ならばワイパーにチラシを差し込む。八重樫は「すごく重い記憶になった」と振り返る。

　だがトヨタは世界トップに成長しても、再び米国発のリコールに足をすくわれる。「リコールを風化させない」。トヨタは社長の豊田章男が米議会公聴会に呼び出された二月二十四日を「再出発の日」

と定めた。

四周年の二〇一四年には、品質保証部門の展示を拡充した教育施設「品質学習館」を本社の一角に開設した。

不具合のあった車両や部品の実物を置き、ドライバーの苦情も張り出す。車両の不具合が運転席でどう感じるのか体感できるシミュレーターもあり、五感に訴える仕掛けだ。

組織改編では、海外の子会社にリコールなどの権限を委譲した。リコールの考え方も、技術的な欠陥修理だけでなく、顧客の「安心」に応えることだと、根本から見直した。

それでも、公聴会から半年ほど後に、社内調査で大規模リコールの主因を問うと「トヨタが悪かった」という回答は三割にとどまった。「マスコミ報道」「政治圧力」という指摘も目立ち、経営陣は「社長が『だれのせいにもしない』として謝ったのに」とショックを受けた。

社長の豊田は「会社がつぶれそうになった危機感を忘れていないか」と気にかける。拡大路線の果てに、現場で何が起きているのか見えなくなったのが、リコール問題の本質という反省がある。年間の世界販売が史上初の一千万台を超えた今だからこそ、その教訓を一層、重く受け止めようとしている。

番外編

リコール　現地に決定権

トヨタ研究第一人者　ジェフリー・ライカー氏

トヨタは大規模リコールの危機から何を学んだのか。米国のトヨタ研究の第一人者、ミシガン大のジェフリー・ライカー教授に米国側の視点を聞いた。

（聞き手・ニューヨーク支局、吉枝道生、写真も）

―リコール危機とは何だったのか。

「かなりの部分で、政治的につくられた危機だった。トヨタ関連の記事で売り上げを伸ばそうとした米メディアと、得点を稼ごうとした政治家、企業相手に訴訟を起こす弁護士が一つの流れとなった」

「現実は、（豊田章男社長が呼ばれた）議会の公聴会の前、トヨタは調査会社ＪＤパワー・アンド・アソシエイツの品質調査で、どの自動車メーカーよりも受賞が多かった。その一年後も、やはり最も多くの賞を取った。つまり危機の間もずっと、トヨタ車は米国市場で最も安全で品質が高かった」

―トヨタ側に問題はなかったのか。

「このリコールで、ある企業の広報担当者は『トヨタの広報はひどいな』と評していた。トヨタは極度に保守的で慎重な会社で、コメントを後で訂正することを嫌い、何かあってもしばらく反応しない。顧客から苦情があると、調査は日本の品質部門が受け持つが、ここは広報部門と連携せず、米国の報道も英語で読まない。だから現地での深刻さに気付かなかった」

「リコールが、現地の事情や文化を知らない日本で決定されていたことも問題だ。床マットにアクセルペダルが引っかかりやすいという最初の問題から、トヨタの反応は鈍かった。日本人には理解しにくいが、米国人は分厚いゴム製マットを留め金で固定せずに、何枚も重ねて敷くのが当たり前だ。日本の技術者から見れば床マットの誤用なのだろうが、米国の消費者はその危険性を知る権利がある」

「日本の本社の情報は、米国トヨタにも知らされていなかった。床マット関連に続き、欧州などでアクセルペダルが戻りにくくなる事例が発生するが、米運輸当局だけでなく、米国トヨタのトップも

米国人が好む厚めのゴム製床マット＝米ニューヨークで

しばらく知らなかった。日本で技術的な原因分析をしていたためだが、私の取材に米国トヨタの一人は『われわれが最前線に立っているのに、情報が来るのは最後だ』と怒っていた」

――この経験を通してトヨタは何が変わったか。

「最大の変化は、日本から各地域に（リコールの判断を含め）権限を委譲したことだ。世界規模の組織変更によって、各地域が自立するようになった。北米の自立は二〇〇〇年から十年間にわたる課題だったが、それまで実現できていなかった。豊田社長は危機を通して長年の課題を実行できたと言える」

第四章

ものづくりの源流

世界トップのトヨタ自動車を今日も支え、国内外の産業界に大きな影響を与え続ける「トヨタ生産方式」。独自のものづくりの思想は、「発明王」と呼ばれた佐吉や、長男でトヨタ創業者の喜一郎の着想に始まり、長い時間をかけてつむがれてきた。その源流をひもとき、体系化されていく軌跡を描く。

1 佐吉の魂　からくりに

お盆に湯飲みを載せた子どもの人形がすり足で近づいてくる。客がお盆から湯飲みを取ると、立ち止まる。飲み終えた湯飲みを盆に戻すと、くるりときびすを返して帰っていく。電気もモーターもないのに、ロボットのように動く。

江戸時代のからくり「茶運び人形」の動きを、トヨタグループの若手社員たちが真剣なまなざしで追う。「からくり道場」などと呼ばれる研修施設が各社にあり、技術者たちは手作りで機械の再現に挑む。

人形の動力はぜんまいだけ。多くの歯車をかみ合わせ、複雑な動きに変える。工場の省エネ化にも応用できるはずだ。

ゴム・樹脂部品メーカーの豊田合成では、タイや中国、米国など海外工場の技術者たちも学ぶ。「設備にお金をかけるな、知恵を出すんだ」と、道場主で生産調査部主監の福崎伸吉（57）が教える。

トヨタの歴史は、からくりから始まった。グループ創始者、豊田佐吉が発明した新型自動織機には、江戸職人の技と魂が詰め込まれていた。

世界のベストセラー車「カローラ」を造り続けてきたトヨタ自動車の高岡工場（愛知県豊田市）は

二〇一三年夏、最新の生産技術をつぎ込み改修を終えた。「シンプル、スリム」を追求したラインを、からくりがつかさどっている。

部品箱を組み立てライン脇に届ける装置は、かつてベルトコンベヤー式だった。ベルトを動かすモーターや箱の向きを変える機器が十五個、安全センサーが六十個も付いていた。これをからくりと重力を利用して、斜面で箱を滑り下ろして届ける仕組みに造り替えた。今は装置全体で、扇風機を回すほどのモーター一つしか使っていない。

効果は省エネだけでない。装置は市販品のパイプなどで社内で手作りし、修理も維持管理も簡単で安い。しかもからくりの機械は軽く、手押しで移動できる。トヨタの技術者たちは「生産車種が変わってもすぐに工場のレイアウト変更ができる」と機動性に自信をみせる。

トヨタグループ創始者、豊田佐吉は一九二四（大正十三）年、当時世界最先端のG型自動織機を完成

茶運び人形でからくりの原理を学ぶ海外工場の技術者たち＝
愛知県清須市の豊田合成からくり道場で

させる。電気センサーがない時代に、糸がなくなると自動的に補充し、糸が切れると感知して瞬時に止まるからくりの仕組みを発明した。

それから約半世紀たった七六年、カイゼン（改善）を指揮するトヨタの生産調査室にいた当時三十六歳の佐藤光俊＝愛知県岡崎市＝は、派遣先の豊田自動織機でG型織機を初めて目にした。

当時は豊田織機などが非公開で保管し、トヨタ生産調査室もそのありかを知らなかった。佐藤が「佐吉さんの織機があった」と生産調査室トップの鈴村喜久男（故人）に報告すると、トヨタの各工場から技術者がバスで豊田織機を訪れるようになる。

「佐吉さんはセンサーを使わないでここまでやったんだぞ。おまえらもやってみろ」。鈴村は若手技術者に呼びかけた。

浜名湖を望む現在の静岡県湖西市に生まれ育った佐吉は、母親が布を織る様子を日が暮れるまで眺めていた。どうしたらもっと母が楽に織れるのか。小学校しか出ていない佐吉は机上の勉学に頼らず、現物をじっと観察し、考えをめぐらせていた。

豊田佐吉が発明したG型自動織機。糸が切れると機械が感知して自動的に止まる＝名古屋市西区のトヨタ産業技術記念館で

豊田佐吉

人生を織機の改良にささげ、大人になっても、いつでもどこでもじっと考え込んだ。佐吉の織機試作を手伝っていた祖父母を持つ山本宗義（66）＝名古屋市中村区＝は、たばこをくゆらせながら思索にふける発明王の姿を伝え聞いている。

祖母、梅尾《うめお》は、名古屋市の佐吉宅に住み込み、織機の試運転をしていた。佐吉は思考に没頭すると、「たばこが燃え尽き、火が指に迫っても気付かなかった」といい、梅尾が佐吉の手をパッとはらったことが何度かあったという。

佐吉が考え抜いたG型織機の性能は、産業革命の本場、英国のプラット社に認められ、特許権譲渡で十万ポンド（現在の十億円相当）を得る。これを元手に、長男の喜一郎がトヨタ自動車工業（現トヨタ自動車）創業へとつなげる。

喜一郎は「日本人の頭と腕で国産車を造りたい」と志したが、「物まねだけで先進国を凌駕《りょうが》しようとしているわけではない」とも強調した。欧米にも前例のない、無駄を徹底的になくした生産方式の構想を膨らませていた。

メモ　**G型自動織機**　最大の特徴は「たて糸切断自働停止装置」で、２７５０本の糸にそれぞれ小さな金属板をつり下げておいて、糸が切れると金属板が落ちる。落下で生じた力をからくりにより増幅し、緊急停止レバーを自動的に引く。この仕組みにより不良品の発生を防ぎ、作業員１人で30～50台の機械を受け持つことが可能となった。機械自身が異変を察知して止まる設計思想は、後に「ニンベンの付いた自働化」と呼ばれ、トヨタ生産方式の柱の一つとなる。G型の実演は、トヨタ産業技術記念館のほか、鞍ケ池記念館（豊田市）で見られる。

2 常識破り「倉庫なくせ」

クマザサが生い茂る闇夜の雑木林に、作業員たちがたき火の光を頼りに切り込んでいく。炎の明るさに誘われ、ウサギやキツネが姿を見せる。整地作業に精を出す男たちに、励ますような声がかかる。「どうですか、順調に進んでいますね」。声の主は、お忍びで作業の視察に訪れていたトヨタ自動車工業創業者、豊田喜一郎だった。

一九三五（昭和十）年暮れ、喜一郎の父、佐吉が起こした豊田自動織機製作所（現豊田自動織機、愛知県刈谷市）は「論地《ろんち》が原」と呼ばれる愛知県挙母町（現豊田市）の原野を買い取る。やがて豊田織機から独立するトヨタ初の自動車工場予定地だった。「貴重な農地を汚してはならない」という佐吉の教えに従い、陸軍演習場にも使われていた約二百万平方メートルの荒れ地に目を付けた。

喜一郎は三三年九月、豊田織機内に自動車部門を立ち上げ、三五年秋には「G１型トラック」を発表している。念願の自動車専用の工場建設に並々ならぬ意欲を見せていた。

「刈谷（豊田織機）の工場では随分骨折ってみたが、どうしても思うような改良ができぬ」。喜一郎は工場移転のお知らせでこう力説し、「そこで挙母に移転し、全く新しい設備と、新しい組織でやることにしたのです」と決意を述べている。

挙母工場の設計責任者だった菅《かん》隆俊（故人）は、喜一郎から「トラック月産千五百台、乗用車五百台をつくれる工場を建設してください」と走り書きしたメモを手渡され、度肝を抜かれた。その規模の量産設備の知識は当時、社内の誰も持ち合わせていなかった。

周囲を驚かせたのはそれだけではない。喜一郎は「倉庫が必要という常識をなくしてみろ」と指示し、設計担当者らを悩ませた。

豊田織機の自動車部門では、どの部品もあ

1937 年ごろ、建設中の挙母工場（現在の愛知県豊田市）を視察する豊田喜一郎（右）＝トヨタ自動車提供

らかじめ決められた数量をまとめて作っていた。加工途中の部品は倉庫に入れておく必要があった。

こうした常識を喜一郎は破ろうとしていた。長男でトヨタ名誉会長の章一郎は「在庫を積まないように倉庫をなくした。工場の図面はかなりおやじ自身が引いたかもしれん」と推し量る。

喜一郎が目指したのは、部品が滞らない真の流れ作業だった。挙母工場の操業開始を控えた三八年七月号の雑誌「モーター」で、運営方針を問う記者にこう答えている。

「無駄と過剰がないこと。各部品が移動してゆくにおいて待たせないこと。『ジャスト・イン・タイム』(just in time)に各部品が整えられることが大切だと思います」

「ちょうど間に合うタイミングで」を意味するこの英語表現は、対外的にはこのとき初めて用いられ、トヨタ生産方式のキーワードとなっていく。「トヨタ自動車75年史」は、この雑誌記事をジャスト・イン・タイムの「起源」として紹介している。

喜一郎のいとこでトヨタ創業に携わった豊田英二は、喜一郎の指導を二点に要約している。

「毎日、必要なものを必要な数だけつくれ」

「流れ作業に間に合えばいい。余分につくるな」

英二は自著「決断」で、喜一郎の教えが定着すれば、「買ったもの(原材料)の金を払う前に車が売れてしまうわけで、運転資金さえいらなくなる」と説明している。

喜一郎の理想を詰め込んだ挙母工場は三八年十一月三日に完成し、トヨタはこの日を創立記念日と定める。ただ、その理想がいかに高いものか、直接指導を受けた英二も、操業開始後に思い知ることになる。

3 戦争　遠ざかった理想

新調した作業服に身を包んだ社員たちが、会議室での式典に臨んだ。発足したてのトヨタ自動車工業に初の専用工場が完成。生産設備も運び込まれたばかりで、門出を祝う式典は身内だけで開かれた。トヨタ創業者で、当時副社長の豊田喜一郎が神壇に誓う。「一本のピンもその働きは国家につながる、各自の業務に無駄あるべからず」

一九三八（昭和十三）年十一月、喜一郎の手で挙母工場（現本社工場）を起動するスイッチが入った。「ジャスト・イン・タイム」と銘打ち、工場から倉庫や部品の在庫をなくそうとする新しい生産方式の出発でもあった。

喜一郎の想定では、部品がそれぞれの生産工程に、必要な数がちょうどいいタイミングで流れていけば、倉庫はいらなくなる。喜一郎は指導を徹底しようと、自分でくまなく工場を回り、余分な部品を見つけると放り出した。

現実は理想通りには進まない。実際に倉庫がなくなってしまうと、部品や材料の一時的な置き場もなくなり、現場同士で部品の押し付け合いが始まってしまった。

「そっちで引き取ってくれ」「いや、こっちでは取れん」。言い争いが工場内のあちこちで起きていたと、機械工場幹部だった岩岡次郎（故人、元アイシン精機会長）が後の社内調査に証言している。

喜一郎のいとこ豊田英二は、変速機などの生産責任者だった。

「何しろ倉庫を造らせてくれなかったことがつらかった」。英二は社長時代の七七年、社内報の座談会で会長の斎藤尚一（故人）と当時を振り返った。

喜一郎は流れ作業を定着させようと、作業内容を細かく示した厚さ十センチものパンフレットを作る。だがそのころには日中戦争が泥沼化し、戦時色が日に日に濃くなっていた。

工場操業開始の翌年の三九年、自動車用資材の配給制が始まる。必要なものが必要なときに入らなくなり、「ジャスト・イン・タイム」どころでなくなる。四四年一月、トヨタは軍需会社に指定され、四五年六月には挙母工場は「護国第二十工場」と命名され、名前まで奪われてしまう。

「喜一郎が従業員を洗脳してまで定着させようと

1948年ごろ、トヨタ挙母工場（現在の愛知県豊田市）で、作業者の足元に積まれた部品＝トヨタ自動車提供

した生産方式は、すべてこわれてしまった」と、後に英二は自著で振り返っている。喜一郎は自動車生産への意欲さえ失いかけ、宮城県の松島の寺まで一人、座禅を組みに出掛けることもあった。

四五年八月、終戦を迎えると、喜一郎はほどなく幹部を集めて鼓舞する。

「三年でアメリカに追いつけ。そうでないと日本の自動車産業は成り立たんぞ」。米自動車大手が、敗戦で打ちのめされた日本に輸出攻勢をかけてくるという危機感だった。

トヨタは自動車生産を再開したものの、戦中同様、部品も材料も思うように調達できない。米国の生産性は十倍ともいわれたが、トヨタには金も技術も設備も、何もない。理想とした流れ作業は進まず、部品は工場のあちこちに積まれたままだった。

4 作り置き　捨ててこい

工場は、米軍向けのトラック生産に追われていた。エンジン部品を作る生産ラインの脇には、数十もの木箱がうずたかく積まれていく。箱の中では、真新しい円形部品のピストンが組み付けを待っている。

トヨタは終戦後間もなく、大規模な労働争議で倒産寸前に追い込まれ、創業者の豊田喜一郎が社長を辞任した。だが一九五〇（昭和二十五）年六月に朝鮮戦争が勃発すると、トヨタは特需で息を吹き返す。

活気が戻った挙母工場のラインに、カーキ色の作業服を着た口ひげの男がふらりと姿を見せた。ピストンの山を見つけた男の表情は、みるみる険しくなる。

「こいつを全部、外の池に捨ててこい」

その怒声に、工場の空気が張り詰めた。

声の主は、機械工場長の大野耐一（故人）。当時、四十歳になろうとしていた明治生まれだが、身長はこのころの平均を大きく超える一七六センチあった。

工場から倉庫をなくすことを目指し、余分な在庫を罪悪視した喜一郎の理想実現を、当時常務の豊田英二から託されていた。後に「かんばん」「カイゼン（改善）」に代表される「トヨタ生産方式」を体系化した人物として、広く知られることになる。

大野が挙母工場でピストンを捨てさせる始終を、工場の別工程で組長を務めていた小野田章（92）が目の当たりにしている。部品を「捨てろ」と命じられたピストン製造の組長は、木箱を三台の台車に載せ、しょげた様子で建屋の外に運び出した。そして防火用の池に大量のピストンを流し込んだ。

「当時、工員たちは部品をたくさん作って自慢し合っていた。それを『無駄だ』と怒鳴られ、みんなシュンとなった」と、小野田はその衝撃を振り返る。

ピストンを池に捨てても、その後のエンジン組み付け作業は支障なく流れていった。工員たちは「部品を作りだめしておかないと、作業が途切れてしまう」と思い込んでいたが、意識は一変した。小野田にとって「必要な時に必要な分だけ作ればいいのだと、身をもって感じた」瞬間だった。

大野は特需に沸く工場を冷徹に見詰めていた。トヨタでは労働争議で多くの工員が社を去っており、人手はない。作業効率を上げるには、一人の工員に複数の機械を扱ってもらう必要があった。

大野は終戦前の四三年に豊田紡織（現トヨタ紡織）からトヨタに移っているが、職人かたぎの工員が幅を利かせる新興の自動車工場にあきれる。「紡織工場では十五、六歳の女性が一人で二、三台の機械を動かすが、トヨタでは男一人が一つの機械に張り付いている」と周囲にこぼしている。

当時二十代半ばで、後に大野の右腕となる鈴村喜久男（故人）は、工員が複数の機械を扱えるよう、現場指導で奮闘していた。

旋盤工は新聞を広げて作業待ちをしていた。「待ち時間に別の機械もやってくれ」と鈴村が指示すると、旋盤工は「てめえ偉そうに、できるもんな

工場を視察する常務の大野耐一＝1967年、「トヨタ自動車75年史」から

ら自分でやってみろ」と拒否するのだった。

鈴村の長男で、自らもトヨタ社員だった尚久（62）＝愛知県豊田市＝は、父から当時の苦労を聞いている。工員たちが帰った後、喜久男は一人で工場に残り、工作機械の習熟に励むようになった。そしてある日、指示を拒否する工員の前で、いくつもの機械を一人で操ってみせた。熟練工もうなり、指示に従うようになった。

そのころ、大野と鈴村は現場で試行錯誤を重ねながら、まったく畑違いの米国のスーパーマーケットに注目し始める。二人は、喜一郎の理想に近い何かを感じていた。

5「かんばん」逆転の発想

一九五五（昭和三十）年ごろ開かれた名古屋高等工業学校（現名古屋工業大）のクラス会で、大野耐一は、同級生が米国で撮影してきたスライドの上映に見入っていた。

目を見張ったのは、スーパーマーケットの写真だった。日本では個人商店で店員と対面して売り買いをしていた時代に、米国のスーパーでは大きな店内に店員がまばらにいるだけ。客は必要なものを棚から取ってレジに行く。「経費がかからん。さすがは合理的な考えの国だ」と感心する。

スライドを見せたのは、名古屋商工会議所の商工相談課長、山口嘉彦（故人）。五五年八月から二カ月間、日本生産性本部の訪米団に加わり、米国企業を視察してきた。

大野が関心を寄せたのは、米国の同業者でなく、もっぱらスーパーの仕組みだった。山口の話と写真で、自己流でスーパーのイメージを膨らませていく。

客が取っていった商品を棚に補充していく。これを自動車産業に応用すると、「造った分を売る」のではなく、「売れた分だけ造る」という逆転の発想になる。「在庫をなくせ」と繰り返した豊田喜一郎の理想を「うまくいったら実現できる」感触があった。

当時は米大手フォード・モーターのように、大量に、より速く造るのが生産効率だと信じられていた。だがトヨタ顧問・技監の池渕浩介（77）は、大野からこう教わったのを覚えている。

「一時間に十個作っていたのを、十一個作って『能率が一割上がった』と考えるのはアメリカ流だ。増えた一個が売れなければ、在庫費用がかかりコストアップになる」

池渕は「売れないものはつくってはいかん、という考え方がはっきりしていた」と振り返る。終戦直後のトヨタの経営危機も、売れない在庫を抱えすぎたのが発端だった。

スーパーでは商品棚を見れば、どの商品が売れたのか一目瞭然だが、生産現場では把握が難しい。そこで大野や部下の鈴村喜久男らは、どの部品がどれだけ必要かを、各工場や工程に分かりやすく伝える方法を編み出していく。

まず、受注した完成車の分だけ、部品の生産指示を出すようにした。それまで生産計画に沿って指示が出ていたが、新方式では順番を逆にし、指示が生産ラインの下流から上流にさかのぼっていく。

当時としては異例の仕組みだった。

指示は長方形の紙に印字され、必要な部品の種類や数量、納入先の工場などの情報を載せた。トヨタはこれを「かんばん」と名付けた。各生産現場は「かんばん」が来ない限り、絶対に部品を作ってはいけないのが鉄則となる。

「なあ、なんであんな紙切れを『かんばん』って呼ぶか、おかしいと思わんか」。鈴村の長男、尚久は、引退した父親が由来を語ったのを覚えている。

もともとトヨタでは、それぞれの部品箱の前に、バス停の時刻表のように立て看板を置き、大きな厚紙に部品番号や数量を手書きで記して管理していた。そのうち厚紙を直接、部品箱に付けるようになったが、「かんばん」という名は残った。

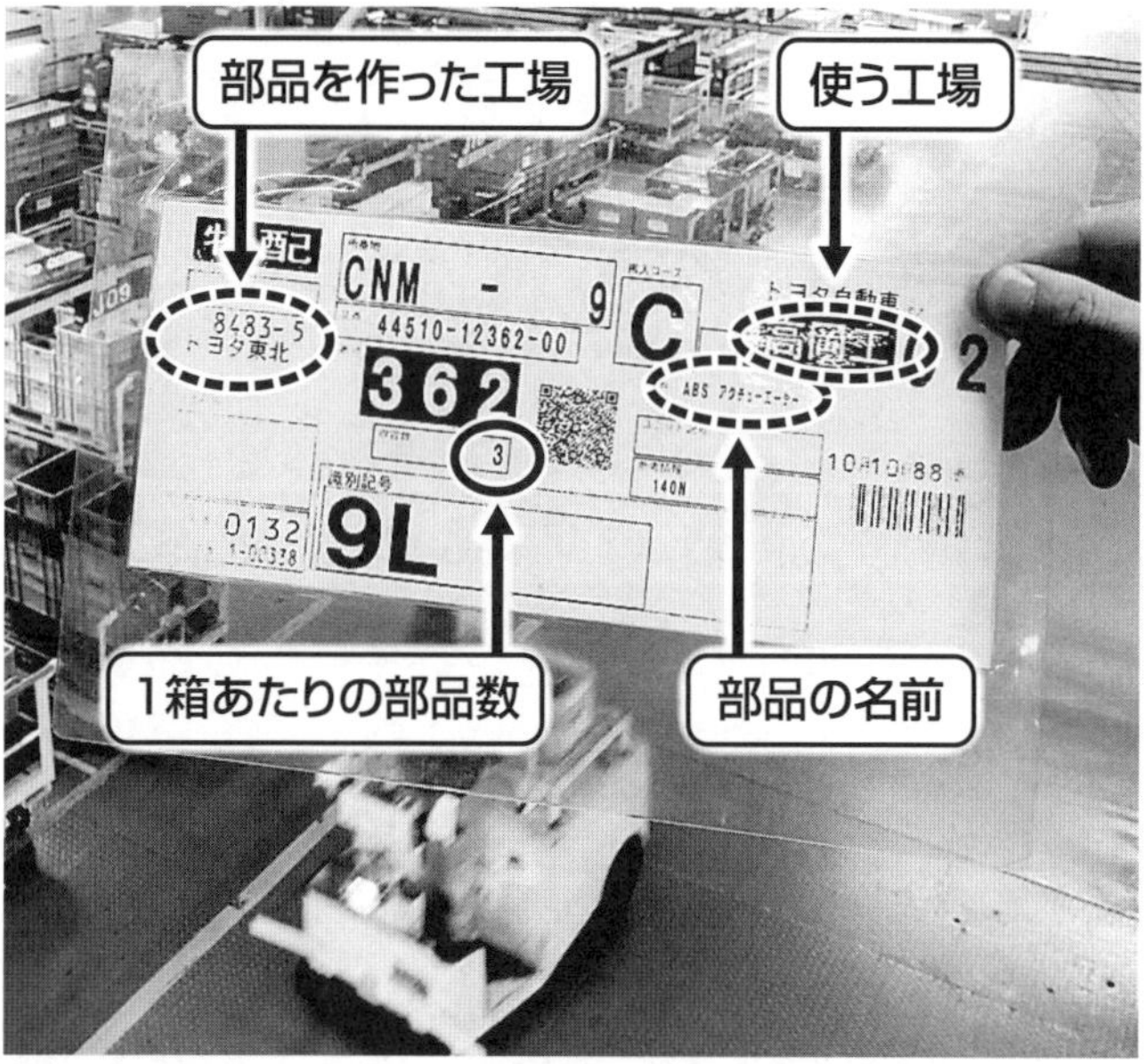

「かんばん」とよばれる生産管理の紙は、今でも活躍している＝愛知県豊田市のトヨタ自動車元町工場で（写真はサンプル）

大野は五六年、自ら米国を訪れるが、「イメージが崩れる」と、あえてスーパーの視察を避けた。

トヨタの新生産方式も「スーパーマーケット方式」として始まったが、その後「かんばん方式」と改める。大野は後年の講演で、米大手などのライバルにまねされて追いつかれないように、あえて「アメリカでイメージの湧かんような名前に変えた」と明かしている。

6「アンドン」現場照らす

車体工場に呼び集められた十人ほどの若手技術者たちは、固唾《かたず》をのんで工場長、大野耐一の訪問を待っていた。無駄を徹底的になくそうとする大野の「しごき」は、トヨタ中に鳴り響いていた。

一九六二（昭和三十七）年、入社二年後の二十五歳だった池渕浩介＝トヨタ自動車顧問・技監＝はその場にいた一人。緊張で体をこわばらせる池渕らに、現れた大野が第一声を放つ。

「自分もたばこを吸う。吸いたいやつは吸えよ」

拍子抜けするほど柔らかな口調に、池渕は「緊張感がふわーっと取れた」と記憶している。

大野は、「くわえたばこで仕事をしてもいい。それが理想だろ」とさえ言う。むろん、そんなことを今の工場ではできない。ただ、池渕はそのとき「現場で働く人のことをいろいろと考えている」と大野への印象を変えていった。

大野の部下だった張富士夫(77)＝現トヨタ名誉会長＝が耳にした口癖の一つも「人間性の尊重」だった。大野は、張ら部下に口酸っぱく言っていた。「おまえたちに一番、大切なのは、働いている人たちの給料袋を厚くすることだ」。大野は無理な現場作業を見つけると、「作業者に汗かかせてくだらんことをさせるな」と、ライン責任者を怒鳴りつけた。

トヨタ生産方式の柱の一つで、ライン作業の異常を監督者や周囲に知らせる電光表示「アンドン」も、大野に言わせれば「始まりは作業員がトイレに行くための合図」だった。

アンドンは労働争議があった五〇年、エンジン組み立てラインで導入された。工員は一人で多くの機械を扱うようになり、トイレに行きたくても代わりの人を探す暇もなかった。

周囲に助けを求めたければ、ボタンを押してアンドンをつける。大野は新聞のインタビューで「アンドンをつけて二分たっても組長が来なければ、機械が止まっていいからトイレに行きなさい、と決めてある」と説明している。

元労働組合委員長で、五〇年代半ばの高度成長期に本社工場の機械保全を担当していた鈴鹿《すずしか》三郎(81)＝豊田市＝は、「品質と作業者の安全を両立させるアンドンの役割は重要だった」と評価する。

増産に追われていた当時、食事時を除けば休憩時間はなかった。工員たちは午前中、四時間立ち続けで作業に励む。ただ現場には、体調が優れない時はアンドンをつけるよう指示が出ていた。実際にラインは鈴鹿の目の前で何度か止まった。

アンドンはトイレの合図以外にも、機械の不具合や作業遅れを知らせるために使われるようになる。「ジャスト・イン・タイム」で真の流れ作業を追求しながら、アンドンで流れを断ち切るのは一見、矛盾している。専門家は「トヨタは早晩、つぶれる」と痛烈に批判した。

張は「大学の先生とはずいぶん、けんかした」と振り返る。

雑誌が企画した座談会では、対談相手の教授に「たった一人のためにラインを止め、三百人を遊ばせるとはばかげている」と言われた。張は「少し現場を見て勉強してください」と反論し、口論になっている。

張は「ラインを止めて不具合の原因を見つけ、徹底的に直せば、不具合は二度と起きず、不良品を出さない仕組みになる」と、アンドンの意義を力説する。その理念は、歴史をさかのぼれば、糸一本が切れても自動で止まり、不良品を出さない豊田佐吉の織機に通じている。

ラインが止まれば大騒ぎになる。しかし現場は不具合を繰り返さないように必死に知恵を絞り、ラインは改善される。張は今もアンドンの奥深さ

1960年代後半から工場に導入が始まったアンドン＝愛知県豊田市のトヨタ上郷工場で（トヨタ提供）

を感じている。

メモ **アンドン** 組み立てラインの頭上にある電光表示で、生産工程のどこで異常が起きているのかを、管理者がひと目で判断できるようにする仕組み。異常があれば作業者は近くのひもを引く（かつては押しボタン式）。表示盤には各工程が番号で示され、ひもが引かれた工程の番号は黄色く点灯。直ちに応援が駆けつけ調整や修理を施すが、すぐに直らない場合は赤色に点灯し、ラインは停止する。異常原因は徹底的に調査され、再発を防止していく。

7 外注も1本のライン

車内の気まずい雰囲気に気おされそうになりながら、三十歳の生産管理部係長だった張富士夫は大阪に向けてハンドルを握っていた。隣の助手席には、トヨタで「かんばん」方式を進めていた常務の大野耐一が座っている。

一九六八（昭和四十三）年ごろ、大野はトヨタと業務提携したばかりのダイハツ工業を視察する。その運転手役に若手の張が選ばれた。部長から「張が一番、常務にしかられているから勉強してこい」

と、四日間の視察同行を命じられたのだ。

当時の張は、どの部品を社内で作り、どの部品を外注するかを決める担当だった。生産現場の意見に耳を傾けると、「手間がかかる部品は外注で」という結論になる。その通りにしようとすると、大野は理由も言わず「おまえらは現場にだまされとる」と怒鳴った。

ダイハツ視察で、張は大野がいかに現場に通じているかを思い知る。生産ラインで、ある部品を三人がかりで作っているのを見て、大野は「トヨタではこの品を二人で作っているが」と瞬時に指摘する。張は「すっげえな、どうして常務がそんなこと知ってるんだ」と恐れ入るしかなかった。

大野と張は、ダイハツの老舗取引先の部品メーカーにも赴くが、ここでも大野の容赦ない指摘は続く。

「無駄な在庫が無駄を呼び、借金をする。ここにいる人は、銀行のために働いているようなものですよ」

張は、はたと気付いた。大野の指導は完成車メーカーと部品メーカーを区別することなく、同じ厳しさを求めている。

トヨタでは社内で作る部品が三割、外注が七割だ。社内だけでうまくやっても、原価は下がらず品質も上がらない。「ぼくら『外注メーカー』とか言っていたが、そんなんじゃない。前工程と後工程だ」と、このとき合点がいった。

部品メーカーを含めて一本の生産ラインと考え、内外の分け隔てなく、改善を進める。帰りの車中で、張はいつしか多弁になっていた。「さんざん怒られていたことが、今回お供してようやく分かりましたよ」

それから間もない七〇年二月、大野は生産管理部の中に「生産調査室」を立ち上げる。現場からの情報を紙や電話で報告を受けるだけでなく、積極的に現場に乗り込んで調査し、「こうすればできるじゃないか」と直接指導して改善を徹底する専門チームだ。

大野は、終戦後から「ジャスト・イン・タイム」実現に向け右腕としてきた鈴村喜久男をトップの主査に据える。同時に「張も入れておけ」と命じた。張は東大法学部卒の事務系。張の上司が「彼は機械も材質もまったく分かりません」と断ろうとするが、大野は「無駄を見つけるのに、事務屋も技術屋もないだろ」とはねつけた。

生産調査室の活動範囲は、社外にも及ぶ。張は大野の指示で、自社工場と取引先を合わせ百以上の工場に出向いていく。

だがそのころには大野の厳しい指導は「労働強化」と社外でも有名になっており、「トヨタ帝国主義帰れ！」という貼り紙をする工場も出てきた。それでも大野や部

部品メーカーで指導するトヨタ生産調査室トップの鈴村喜久男（ネクタイ姿）ら
＝1976年、鈴村尚久氏提供

下たちは現場に乗り込んでいく。

8「大野方式」強まる反感

トヨタを代表する大衆車「カローラ」専用の工場として一九六六（昭和四十一）年、高岡工場（豊田市）が完成する。そのトヨタ最先端の工場で、部長級の幹部が「大野なんか門の中に一歩も入れてはいかん」と息巻いていた。

本社工場で新生産方式を打ち立て、社内外に普及させようとしていた専務の大野耐一。七〇年には「かんばん方式」を本格的に徹底させようと、実動部隊の生産調査室を発足させていたが、「現状を否定せよ」と教える大野への警戒感は強まるばかりだった。

当時、大野の部下だった池渕浩介は、「戦争帰りの人たちが多かった時代。『大野が何をぐずぐず言うんだ』と反感を持っている人はいっぱいいた」と振り返る。

このころ、「トヨタ生産方式」はおろか、「かんばん方式」という名も定着していなかった。社内でも、大野個人の独特な手法として、「大野方式」とやゆされていた。

二十六歳で発足したての生産調査室入りした箕浦輝幸（70）＝トヨタ紡織相談役＝は、クラウンを造る元町工場（豊田市）に出向いたが、「何も言うことを聞いてくれなかった」と振り返る。「大野さんが現場をダーンとしかってくれて、ようやく動きがあった」と話す。

当の大野は個室を持たず、生産管理部の大部屋のど真ん中に自分の机を置いて現場指揮にいそしむ。部下で担当取締役だった楠兼敬《くすのきかねよし》（91）＝元トヨタ副社長＝は、大野が隣の席でほぼ毎朝、電話で現場に指令を出していたのを聞いている。

「きょうはこれをやる」と突然、言いだし、工場で新しいアイデアを試す。それがうまくいかないと、ラインは止まる。「なんでラインを止めてばかりいるんだ」と社内から苦情が相次ぐが、大野はそれでも「やれ」と命じた。

楠は技術系から「コンピューターが発達してきているのに、なんで『かんばん』みたいな子どもじみたことをやるんだ」と苦情を受ける。そして取締役会でも、経理畑が長い花井正八《まさや》（故人、後のトヨタ会長）と大野が激

カローラ生産のために建てられたトヨタ高岡工場でも当初、「かんばん方式」への抵抗は強かった＝ 1975 年、愛知県豊田市で

論を交わす場面が目立つようになる。

「一時間もラインを止めるなんて冗談じゃない」と花井が怒鳴れば、大野は「一日や二日止まっても、将来強くなればいい」と譲らない。花井は後に「二十年間、話しても議論がまとまったことがない」とこぼした。

大野の門下生だった張富士夫や池渕らは「大野一派」と呼ばれるようになる。七八年に生産調査室に加わった好川純一（75）＝トヨタ紡織特別顧問＝は「おまえら一派」とも呼ばれ、「会社のために一生懸命やっているのに、なぜ異端児扱いされるのか」と気落ちした。

大野が「生産性向上」と言えば言うほど、労働組合は「労働強化」と憤り、取引先には「トヨタは勝手なことと言って、在庫を部品メーカーに押しつけている」との悪評が立った。

「労働強化」「下請けいじめ」批判は世間に広まり、トヨタは中小企業庁から呼び出しを受けるようになる。やがて国会でも問題視される。部下に怒鳴って教えをたたき込んでいた大野も「かんばんは、間違って使うと凶器になる。正しく理解してもらわないといけない」と繰り返すようになる。

9 かんばん理論 世に問う

人間がラインの流れに合わせて動かされ、単純作業がひたすら繰り返される。作家の鎌田慧《さとし》がトヨタ期間工として内幕を描いた潜入ルポ「自動車絶望工場」が一九七三年、発表されると、「かんばん方式」は「非人間的」との批判が社会に広まった。

衆院予算委員会では七八年二月、日本共産党書記局長の不破哲三が首相の福田赳夫（故人）に詰め寄った。

「トヨタは部品在庫を持たずに利益を上げているが、部品メーカーに必要なときに持ってこさせ、三次、四次、五次の下請けに影響が及んでいる」と主張し、政府対応を求める。福田は「調査してみます」と答えるのが精いっぱいだった。

その前年、公正取引委員会はトヨタに「下請けにかんばん方式を強制するな」と指導している。政府もトヨタをかばうことはなかった。

かんばん方式を社内外に広げるトヨタの専門組織「生産調査室」も行き詰まっていた。他の部署や取引先に正しく理解してもらおうにも、教科書になるものが何もない。「現場第一主義」の大野耐一が、書類や報告書を忌み嫌ったからだ。

「おまえたちのやっていることは、完全に徒弟制度だ」。七五年から大野の部下となった楠兼敬はあきれ、生産調査室メンバーの張富士夫に「少し理論化しろ」と命じる。楠は『神風特攻隊みたいなむちゃくちゃなことをやっている』と誤解されかねない」と社外の評判に気をもんでいた。

ただ、昼間に文書をまとめる作業などすれば、大野に「そんな暇があったら現場に行ってこい」と怒鳴られる。張ら若手は、仕事が終わった夜に楠の個室に集まり、分担を決めて解説書を書き上げた。

書類が嫌いなはずの大野だが、この文面にはひそかに目を通していた。取りまとめ役の張に「この言葉遣いが間違っているぞ」と指摘し、張を感激させている。

そのころ米ビジネス書の翻訳出版で成功したダイヤモンド社は、七三年の第一次石油ショックを首尾よく乗り切ったトヨタのかんばん方式に注目していた。大野に「日本発のビジネス本出版を」と持ち掛けると、副社長になっていた大野は広報も通さずに快諾する。

大野のゴーストライター役になったのは、ダイヤモンド社記者だった三戸《みと》節雄（80）。七七年秋から三カ月間にわたり、豊田市に泊まり込んだ。

「かんばんを言葉だけで理解するのは難しいでしょう。案内させます」。大野は三戸に、若手の張と、その部下の佐藤光俊を案内役としてあてがった。三戸は張らの運転するトラックで工場や部品メーカーを回る。文章表現に詰まると、張が文案を作って助けることもあった。

本の当初のタイトル案は「トヨタ生産革命」だったが、大野は「革命という言葉は強すぎる」と難色を示す。大量生産で世界を席巻した「フォード・システム」にならって、大野が推した「トヨタ生産方式」に落ち着いた。

本は、国会でトヨタ批判が続いていた七八年五月に出版される。前書きで大野は、「この方式を曲解しての批判に対して弁明・釈明は一切しません。すべて歴史が立証すると確信します」と記した。後書きでは「三戸節雄さんの手をわずらわせることになった」と、あえてゴーストライターの名前を明かしている。三戸は今も「大野さんの配慮だった」と感じ入っている。

この年九月、大野は副社長を退き相談役となる。大野自身が「かんばん」を世に問うた本は、累計四十五万部超となるロングセラーとなり、英、仏、中など七カ国語に翻訳される。米マイクロソフトのビル・ゲイツ、米アップルのスティーブ・ジョブズ（故人）も愛読者となっていく。

1978 年に出版された大野耐一の「トヨタ生産方式」（右下）をきっかけに、数々のトヨタ本が生まれていく

10 黒字になるまで帰るな

「下請けいじめ」批判を浴びたトヨタの「かんばん方式」だが、一九七三年の第一次石油ショックで赤字に陥った企業は、その知恵に救いを求めてきた。大野耐一は、そんな企業に若手の部下を惜しみなく派遣した。

改善の実践部隊、トヨタ生産調査室にいた箕浦輝幸（70）＝トヨタ紡織相談役＝は七六年、大野に「黒字になるまで帰ってくるな」と言い渡され、取引先タイヤメーカーの住友ゴム工業名古屋工場（豊田市）に送り出されている。

工場に足を踏み入れた瞬間の薄暗さが、箕浦の印象に残っている。ベルトコンベヤーは設計のまずさで複雑に工場内をうねり、天井近くにまで上る構造で、工場に差し込む日の光を遮るほどだった。箕浦は直ちに天井近くのコンベヤーを「外せ」と命じる。

タイヤの在庫は工場内にあふれ、さらに販売店にも押し込まれていた。それでも余ったタイヤは、運送会社から借りた倉庫にしまい込まれている。箕浦は住友ゴムの役員に、「倉庫は一年で空にして返します」と宣言した。

箕浦は「当分、帰れないな」と腹をくくる。そもそも、タイヤは大量生産の代表格。客の好みに機敏に合わせ、少量多品種の作り分けを目指すトヨタのかんばん方式とは対極にあった。

倉庫を調べると、そこは売りものにならない不良品をためる場であることが分かった。中のタイヤを捨て始めると、住友ゴム役員は「それでも帳簿上では資産なんだ」と泣きついてきた。箕浦は「捨てないと、うみは出ないぞ」とはねつけた。

タイヤの作り方でも「お客の都合より、作る側の勝手を考えている」と箕浦は直感した。生産品の切り替えが機敏にできず、二時間もかけていた。

生産品の切り替えには、ゴムを蒸したり加熱したりする機器を取り替えた上、試運転も必要。ところがこの工場では、タイヤの受注量と関係なくゴムを一度に大量に練ってしまうため、一回の生産規模が大きくなり、切り替え作業も大がかりになってしまう。

箕浦は、切り替えを「十分以内でやるように」と大幅な短縮を命じる。販売状況の変化に素早く対応できるように、一回の生産規模を格段に小さくすることで、機器

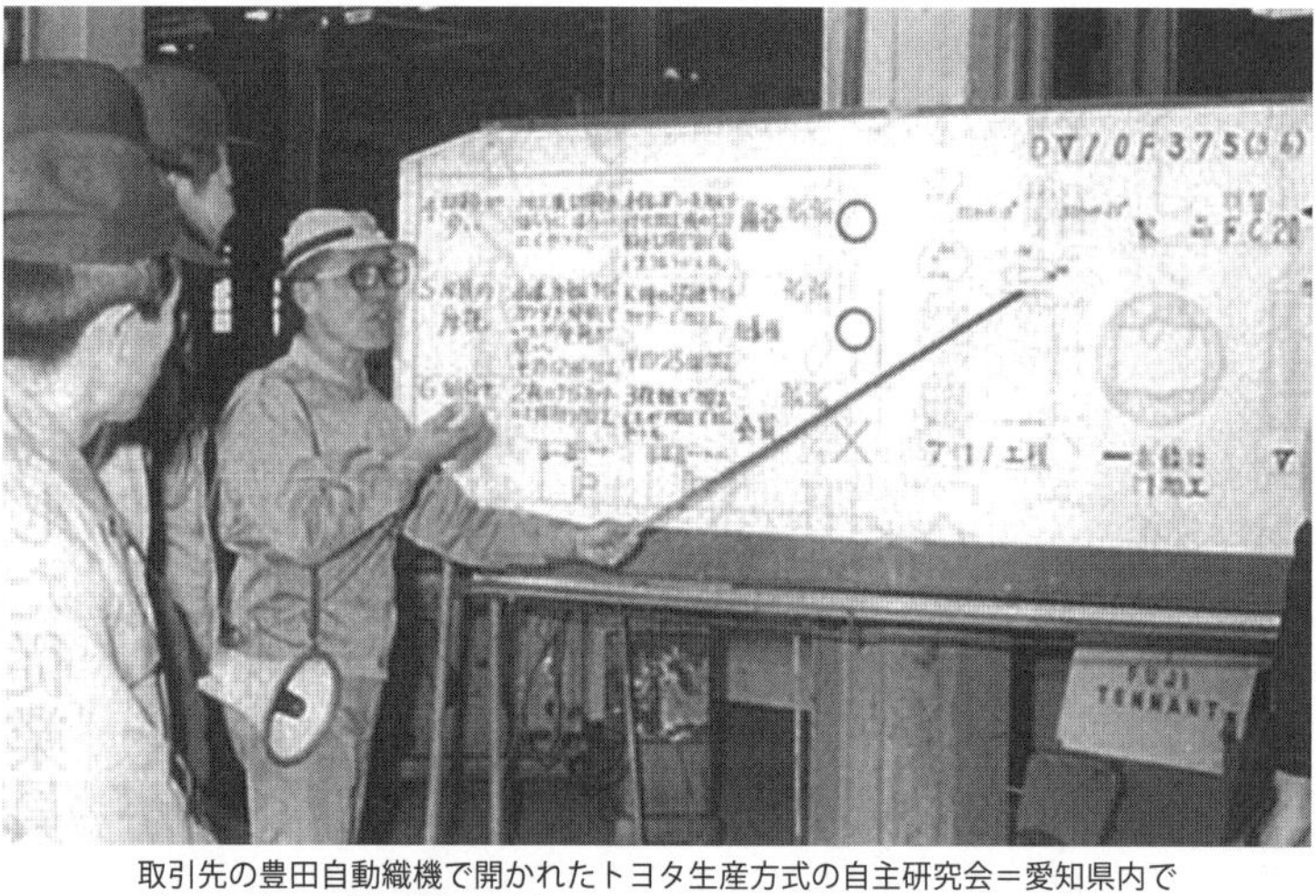

取引先の豊田自動織機で開かれたトヨタ生産方式の自主研究会＝愛知県内で（トヨタグループ史「絆」から）

取り換えや試運転の手間を一気に減らした。

住友ゴム本社から「本当にそんな短縮ができるのか」と幹部が視察に来たが、目の前で十分未満で切り替えてみせ、「すげえ」と仰天させた。

箕浦は「改善には、非常に高い目標を与えろ」という大野の教えを実践していた。「低い目標なら、怖い管理者を連れてきて労働強化すれば達成できる。高い目標なら、必死になって本質的な無駄を見つけて、よそでやっていないことをやらざるを得ない」。今でも耳に響く大野の言葉だ。

派遣指導から一年。生産の切り替え時間を短くした住友ゴムでは、いつも返品の山を抱えていた冬用タイヤの作り方が変わる。それまで夏場にまとめて生産していたが、冬季に雪の量に応じてこまめに作れるようになり、在庫はみるみる減った。

大野がトヨタを去った後の八二年、四十三歳だった生産調査室の好川純一は部品メーカーなど四十社を集めて「トヨタ生産方式自主研究会」を立ち上げた。

今も続くこの会は、入会条件に『生産性を上げる』と社の方針に明記する」ことを掲げる。

好川にとって最も大事なのは「経営トップのやる気」だ。「トヨタ社内でも反発があり、一気に進んだわけでない」。大野が持っていた意志の強さが広がることを願っている。

11 米労働者に通じた心

自動車の都、米デトロイトでは、労働者がカローラをハンマーでたたき壊し、日本人と間違えられた中国人は殴り殺された。一九八〇年代初め、増え続ける日本の輸入小型車に米国の反発は強まるばかりだった。

四十代後半のトヨタ高岡工場主査だった池渕浩介はこのころ、トヨタ初の米国での工場長に選ばれた。

「かんばん方式」を進めた大野耐一の弟子として、その教えを社内に根付かせてきたが、次の任地は異国で、貿易摩擦の真っただ中だ。「戦争にいくわけじゃない、命までは取られない」と自らを励ました。

工場は、トヨタと米ゼネラル・モーターズ（GM）が八四年二月に折半出資で立ち上げる合弁生産会社「NUMMI（ヌーミー）」。トヨタ会長だった豊田英二が摩擦を沈静化させようと、GMが苦手な小型車造りを助ける場として、初の現地生産を決断した。

池渕の最大の不安は、米自動車大手を相手にストライキを連発する全米自動車労働組合（UAW）だった。NUMMIはカリフォルニア州の旧GM工場を、組合員ともに引き継ぐ。「工場を閉鎖して設備を壊す人たちをどう訓練するのか」。不毛の地に種をまくようなものと思えた。「大野さんならどうするだろう」と、師匠の顔を頭に浮かべた。

会社設立の準備段階から、組合対策の壁は高い。機械工に、室内の蛍光灯取り換えをやってもらうのはご法度だ。UAWは百二十にもわたる職場分類を定め、溶接工には溶接だけ、検査工には検査だけしかやらせない。賃金体系も異なる。

「これでは効率化などできない」と、トヨタはGMと弁護士も交えてUAWと協議し、百二十の分類を三つにしてもらう。

現場の改善活動も、米国人は「改善は経営側がやるもの」という考えで凝り固まっている。NUMMIの労働者側は「意義は分かるが、UAWの全国大会では否決される」と及び腰だ。

そこで合意文書には「現場もkaizen（改善）する」と、日本語のまま忍び込ませた。NUMMI設立準備に携わっていた当時トヨタ専務の楠兼敬は「UAWの大会で意味が分からないようにした」と明かす。

池渕は、GMでは上からの指示に従うだけだった現場に、「君たちが一番良いと思う方法でやってくれ」とやる気を促した。楠の助けを借り、NUMMIの現場リーダー二百五十七人を九回に分けて高岡工場に送り込む。このリーダーたちが車を造るペースを自ら決め、作業内容を文書にした。

NUMMIは日米協業の象徴となっていくが、GMは二〇〇九年六月に経営破綻すると、合弁から手を引く。UAWは雇用確保を求めたが、トヨタは単独での事業継続をあきらめ、合弁会社は二十六年の歴史に幕を下ろす。

生産最後の日となる一〇年四月一日。池渕は工場に招待されていたが、四、五日前に「街で暴動がありそうだ」と言われ、出席を思いとどまった。

後日、現地からの報告を聞き、胸にこみあげるものがあった。従業員たちは最後の一台を送り出し、明日はもう工場は動かないのに機械を油で拭いて、整然と仕事を終えて帰っていった。

池渕が一九八七年にＮＵＭＭＩを去るとき、従業員たちが「われわれはトヨタが本当に好きなんです」と言ってくれたのを思い出す。「みんなの意見を聞き、自己実現の場を増やしたからだ」。トヨタのものづくりの心が通じたと、池渕は強く手応えを感じている。

2010年4月、最後にラインオフしたカローラの周りに集まるＮＵＭＭＩ従業員たち
＝米カリフォルニア州フリーモントで（トヨタ自動車提供）

12 ライン止め　サンキュー

ＧＭとの合弁会社「ＮＵＭＭＩ」に続き、トヨタは一九八六年、米南部ケンタッキーに米国初の単独生産拠点を構える。初代工場長となる張富士夫は現地に出発する直前、現役を退いていた元上司の大野耐一を訪ねた。

「トヨタ生産方式をやるのに一番、難しいのは何でしょう」と尋ねる張に、大野はつぶやくように答えた。「アメリカ人は、生産ラインを止められるだろうか」。張はその後、現地で大野の先見性に感服することになる。

トヨタではライン作業で異常があれば、作業者は手元のひもを引っ張り、「アンドン」という電光掲示で周囲に知らせる。不具合はその場で直し、場合によってはラインを止める。これが不良品を出さない改善の肝となっている。大野は、いかに作業者に気軽にラインを止めてもらうかに心を砕いた。

ケンタッキー工場は、ＧＭの旧工場を引き継いだカリフォルニア州のＮＵＭＭＩと違い、未経験者ばかりを雇う。戦闘的な全米自動車労働組合（ＵＡＷ）の影響は及んでいない。最初に「こうやるんだ」と教えたら、その通りにやってくれた。

張は、大野に「島国根性を捨て、アメリカのためになることをしなさい」と教えられた。その教えに従うように、張は日本人駐在員六十人をばらばらに住まわせ、地元に溶け込ませるようにした。自宅には、近所の住民を呼べるようにカラオケルームを造った。

前向きに取り組んでくれる現地従業員だが、どれだけ言っても「アンドン」だけは全く使おうとしない。とうとう日本人と米国人の間で大論争になった。「アメリカ人は意気地がないのか」と問い詰める日本人幹部に、米国人幹部は冷静に反論した。

「ここで働く人たちは三度も四度も会社を変わっている。ラインを止めたら即、クビになると体に染み付いているんだ」

張は、トップの自分が毎日、現場で訴え続けるしかないと決意する。ラインを止めた従業員に自ら走り寄り、手を握って「サンキュー」と言い続けた。従業員はあっけにとられたが、「アンドン」は定着していった。

現地従業員と語り合う工場長の張富士夫（右）＝1980年代後半、米ケンタッキー州ジョージタウンで（トヨタ自動車提供）

そのころ張が大野に送った手紙を本紙記者は見せてもらった。「改善、無駄という言葉は、そのまま英語になりました。トヨタ方式は相当やれそうだというひそかな自信が湧いてきています」。張は順調な様子を、きちょうめんな文字でつづっている。

工場で造るのは、堤工場（豊田市）と同じ中型セダン「カムリ」だが、「ラインも原則通り止め、品質は堤工場と同程度で立ち上がりました」と報告した。

間もなく張は、がんを患っていた大野が「三度目の入院をした」との連絡を、大野の妻良久《らく》（故人）から受ける。九〇年五月に一時帰国し、豊田市のトヨタ記念病院に急いだ。

「おぅ」。親族以外の面会を断っていた大野は、張を病室に迎え入れる。「もう、気力も無くなったなぁ」と弱気な言葉に、張は「頑張ってください」と返すしかなかった。その六日後、大野は七十八歳で息を引き取る。

大野がケンタッキー工場を訪れることはなかったが、代わりに多くの研究者たちがやってきた。九〇年、マサチューセッツ工科大教授のジェームズ・ウォマックらの研究チームが、トヨタ生産方式を「リーン（ぜい肉のない）方式」と名付けて世界に紹介したためだ。

その報告書は、「低い賃金で長時間労働させている」との日本批判を真っ向から否定する。トヨタの実力が、正面から世界で論じられるようになっていく。

13 大震災　止めて直せ

高精度を誇る千七百台もの半導体製造の設備は、壊れた床の下に沈み、柱と折り重なるようにして倒れていた。ちり一つ許されないクリーンルームは隔壁が崩れ、外気にさらされている。

半導体大手ルネサスエレクトロニクスの中核生産拠点である那珂《なか》工場（茨城県ひたちなか市）が、二〇一一年三月十一日の東日本大震災で被災した。トヨタ自動車顧問の林南八（71）は四月一日、日本自動車工業会の支援チームリーダーとして工場に足を踏み入れている。

ルネサスがクリーンルームの空気を測定すると、半導体生産に許される基準の一千万倍のほこりにまみれていた。震災後、トヨタの国内十七工場の全ラインが止まった。「日本の、いや世界のものづくりの危機だ」と林は気を引き締めた。

ルネサスは自動車向け半導体で世界シェア四割の最大手で、家電向けにも作っている。十円玉ほどの小さな部品だが、これがないとエンジンの燃料噴射から窓の開け閉めまで、現代の自動車は動かない。トヨタだけでなく、日米の自動車産業がまひした。

トヨタを筆頭に在庫を極力、減らしてきた自動車業界に、マスコミでは疑問の声が上がった。過去の災害でも部品不足で生産ラインが止まるたびに、「在庫を持たないトヨタ生産方式の弱点」と言い立てられている。だが、当のトヨタは「ラインは止まるのではなく、異常があれば止めるのだ」と反論してきた。

この震災で、社長の豊田章男は自社工場の生産再開より、部品メーカーの復旧を優先し、東北地方の二次、三次下請け二百社に人員を派遣した。

当時、豊田は「ルネサスにわずかに残った半導体の在庫を目がけ、世界の自動車メーカーが奪い合いを始めた」のを覚えている。直ちに自動車各社のトップと連絡を取り「部品の取り合いでなく、復旧を第一にしよう」と呼び掛けた。自動車メーカーが「オールジャパン」で支援をすることが決まっていく。

現場リーダーに選ばれた林は大野から直接、指導を受けた最後の世代。「自分の頭で考えろ」とたたき込まれている。一九九五年の阪神大震災後の部品メーカー復旧で陣頭指揮を執った。今度はトヨタ以外の技術者も束ねて、最大二千五百人の混成部隊で臨む。

復旧に向け試験生産をするルネサスエレクトロニクス那珂工場＝2011年4月、茨城県ひたちなか市で

現場では、半導体技術者から「車屋さんが来てもねえ」と冷ややかな声も聞こえてきた。復旧には年内いっぱいかかるという見通しも出た。林は「とんでもない」と見直しを指示する。まず、二カ月半かける予定だった電気、水道などインフラ復旧を「十日でやろう」とげきを飛ばした。

二十四時間三交代制で、同時並行で作業を進める。混成部隊の一体感を高めるため、対策本部の壁に「救え　日本のものづくり」というスローガンを書いて張り出した。

現場には豊田がヘルメット姿で訪れ、「私が責任を取ります。思った通りにやってください」と林を激励した。自動車業界以外でも、キヤノンやニコンがライバル関係を乗り越えて、支援を申し出るようになった。

四月十日にはインフラ復旧にこぎつけた。予定を大幅に超える支援要員が各メーカーからつぎ込まれ、ルネサスは当初見通しより半年早い六月には生産が再開された。自動車産業もほぼ平常に戻った。

「業界を超え、会社を超え、組織を超えて強いきずながができた」。林は一部品メーカーの再起に日本の製造業が一丸となったことに、ものづくりに関わる誇りを感じた。

14 現場の泥くささ　今も

戦時下のトヨタ挙母工場に昼休みを告げるサイレンが鳴り響く。「おーい、メシだぞ」と現場リーダーの組長が呼び掛けると、自動車の下から男が出てきた。白いつなぎは油にまみれている。その顔を見た組長は驚きの声を上げた。「あっ、社長さんですか」。

トヨタ創業者の豊田喜一郎だった。

その様子を見ていた技能者養成所（現トヨタ工業学園）の一期生、板倉鉦二《せいじ》（89）は、「自分の目で確かめないと気が済まない人だった」と、現場を重視した喜一郎の人柄を思い出す。

終戦直後も、乗用車の量産開始に意気込む喜一郎はたびたび工場に姿を現す。「トヨタ生産方式」を大野耐一とともに広めたトヨタ元副社長、楠兼敬は、トップ自身が同期の新入社員を現場で叱咤《しった》する姿を懐かしく思い出す。

大卒の技術者と見るや呼び止めて、「手を見せてみろ」と命じる。手のひらに油の黒い筋が残っていないと、その手をパーンとはたいた。「本なんか読んでちゃいかん。現場に出て、ものに触れろ」

戦後、カネも設備もないトヨタが、世界に追いつこうとして行き着いた答えは、生産現場で「ムリ、ムダ、ムラ（無理、無駄、むら）」を徹底的に洗い出し、改善することだった。そのために現場観察を徹底する。トヨタはこれを「現地現物」と呼び、ものづくりの基礎としていく。

喜一郎の現場主義は、改善の実践部隊として大野が立ち上げた生産調査室に受け継がれた。調査室の初代主査となった鈴村喜久男は工場の見回り中、ふと足を止め、一緒にいた三十代前半の部下、佐藤光俊にこう言った。

「このラインに問題があるぞ」

すると鈴村は、ポケットから白いチョークを取り出し、床に直径五十センチほどの円を書き、佐藤に命じた。

「ここで立って見ていろ」。答えは教えず、部下を円の中に立たせ、ひたすら現場観察させる。大野直伝の指導法だった。佐藤は、ベルトコンベヤー上で部品箱が詰まりやすい不具合が分かるまで、三日、立ち続けた。

一九七〇年に六人で発足した生産調査室は、現在約七十人を抱える。その三分の一は、トヨタから学ぼうとする製菓業など異業種から受け入れている人たちだ。指導の厳しさこそ変わってきているが、無駄を見つけて改善する本質は、業種を超えて受け継がれ、応用されている。

作業現場に立ち会うトヨタ創業者、豊田喜一郎の像（中央）＝名古屋市西区のトヨタ産業技術記念館で

現社長の豊田章男も九〇年から二年間、志願して在籍し、「トップとしての決断や行動の根っこは、この二年の経験で形づくられた」と語っている。

トヨタ名誉会長の張富士夫には、若手だった時分に、上司の大野から言われた忘れられない言葉がある。張が「トヨタの生産性は終戦直後から三十倍になりました」と報告すると、大野はにこりともせず言った。

「張、今までのことは全部忘れろ。また新しく改善するんだ」

喜一郎以来、トヨタを見続けてきた楠は、「トヨタ生産方式はお経でも教科書でもない。現場で泥くさい苦労を繰り返し、学習していくことだ」と強調する。

「改善に終わりなし」。大野の信念は世界中の現場に生き続け、進化を続けている。

現場の苦悩テープに残す

「トヨタ生産方式」の確立に貢献した故・鈴村喜久男の肉声テープが、愛知県豊田市の自宅で見つかった。生産方式の立役者、大野耐一（元トヨタ副社長）が「現場の天才」と認めて重用した鈴村が、大野の発想をどう実践に落とし込んでいったのか。亡くなる直前の本人の肉声と、遺族の話で軌跡をたどった。

テープは「かんばんの生まれた背景」などと題された五本。一九九九年八月中旬、自宅で断続的に吹き込まれた。直後に入院し、十月一日、肝臓がんのため七十一歳で亡くなる。

鈴村の原点は、入社間もない五〇（昭和二十五）年春に体験した労働争議だ。倒産寸前に陥ったトヨタは大量解雇に踏みきり、組合はストで応じる。中堅社員が不足する中、鈴村は挙母工場の機械工場で、六十人を束ねる組長に二十代前半で任じられる。

上司の機械工場長は、中央紡績（現トヨタ紡織）からトヨタ入りした大野だった。大野は、当時の先進産業だった繊維の出身。女性工員が複数の機械を操る紡績工場に対し、トヨ

トヨタ生産方式を現場で確立させようと力を尽くした鈴村＝1982年撮影

タでは工員が一台の機械しか扱わない。労働争議による大量解雇を目の当たりにしている鈴村氏は率先垂範のため、夜間に自らを特訓。複数の機械を操れるようになる。

「親方日の丸でやっとりゃ、行き着く先はクビ切りだ。おれがやれてあんたらができないわけはない」

鈴村は当時の心境をテープでこう振り返った。鈴村の姿に熟練工たちも協力するようになり、六十人がかりでやっていた作業は十人で可能になった。

ただ労働組合は「労働強化だ」と怒声を浴びせた。工場を歩く鈴村の背後に、機械の上から鉄の塊が落ちてくることが二、三度あった。「ああ、おったのか。お釈迦《しゃか》（不良品）が出たもんで」。不満を抱く作業員の脅しだった。

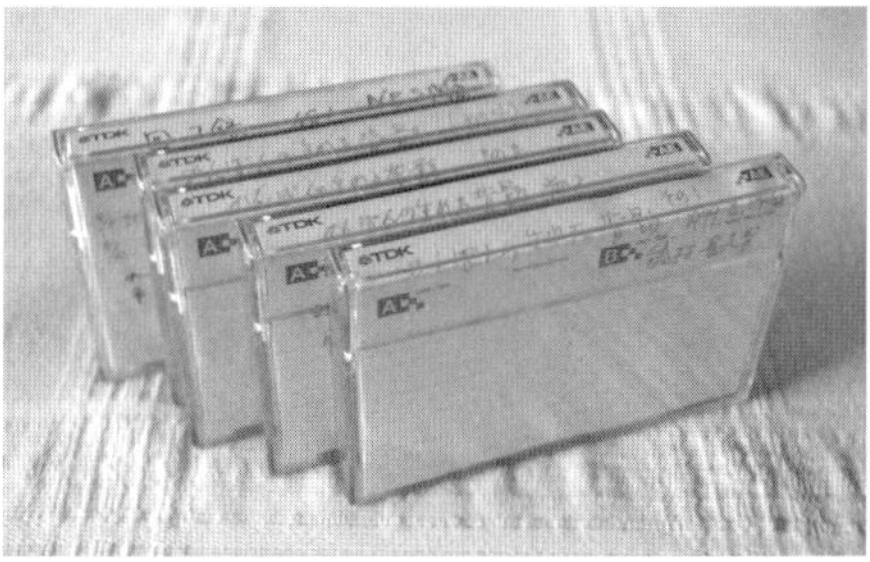

鈴村喜久男が1999年に亡くなる前に録音した5本のテープ

「こりゃ、組合に影響力を持つようにならんといかんぞ」

鈴村は職場委員長に立候補し、組合の専従もして内部から地ならしをした。

長男で自身もトヨタに勤務した尚久（62）は「大野さんには素晴らしい発想力があった。それを現場でどうやるか考えたのが父だった」と、二人の役割分担を話す。

鈴村は五十五歳で退職する。社内外での多くの実績は反発も招き、居づらくなったからだった。現名誉会長の豊田章一郎の慰留や、多くの企業からの誘いも断った。晩年は国際的に広がる「トヨタ生産方式」礼賛に懸念も抱いていた。

「(大多数の反対の中で)5%ぐらいの人が心を合わせて、泥にまみれてルールを生み出してきたんだ。今は手段、方法が目的になっちゃって、おかしな方向に行っている」

トヨタ生産方式は理論化が進み、多くの赤字企業を救う半面、「かんばん」と呼ばれる紙だけ導入して、現場を混乱させる企業も目につき始めていた。

テープを保管していたのは妻昭子(81)=愛知県豊田市。病気で沈みがちな夫の気が紛れればと録音を勧めた。

昭子は「職場では『鬼の鈴村』と呼ばれたけれど、『家では仏の鈴村さんだ』って言われて」と懐かしむ。家庭では声を荒らげることもなかった。現役時代は度々、若手を自宅に招き、トヨタの未来をさかなに酒を酌み交わした。

【鈴村喜久男《すずむらきくお》】 愛知県立工業専門学校(現名古屋工業大)卒。自動織機メーカーの豊和工業(愛知県清須市)に就職し、1948年、自宅に近いトヨタに転職。大野の右腕として活躍し、70年に社内外の生産現場を改善する生産調査室が発足した際、トップの主査に就く。82年に早期定年退職。トヨタ生産方式を他業界に応用する「NPS研究会」の初代実践委員長に迎えられ、コンサルタントとしても活躍した。

第五章

支える企業群

トヨタ自動車の今日の成功は、部品メーカーの協力抜きには語れない。戦中戦後を通し多くの町工場が、新興の自動車産業と運命をともにしていく。トヨタ創業者の豊田喜一郎は協力企業を「自分の手足と思え」と社内に説き、結束を強めていった。部品に社運を懸けた企業の苦闘を振り返る。

1 バケツから始まった

頭上に国鉄の列車が通るたびに、部屋中がきしみ、揺れる。「自動車用メーターを作っています」と手を挙げてきた会社にたどり着くと、東京・御徒町《おかちまち》のガード下に工場があった。「こんなところで精密部品ができるはずがない」。トヨタ発足に向け、自動車部品メーカーを求めて駆け回っていた当時二十三歳の豊田英二は頭を抱えた。

英二の自著によると一九三六（昭和十一）年、豊田自動織機製作所（当時）でトヨタ設立の準備をしていたいとこの喜一郎の命を受け、国産部品を探し始める。芝浦製作所（東芝の前身の一社）や日立製作所も電装部品で名乗り出たが、そこでも価格も品質も満足がいかない。米系の日本フォードに納入する業者にも頭を下げて回った。

小島浜吉

ちょうどそのころ、現在の名古屋市熱田区で金物店を営んでいた小島浜吉《はまきち》（故人）は、豊田織機が自動車生産に乗り出すと新聞で知る。「うちも下請けに入れるかもしれないぞ」。豊田織機は現在の愛知県刈谷市にあり、名古屋から遠くはない。早速、妻ひでに「豊田織機のお偉いさんに嫁いだ友だちに、仕事を頼んでくれないか」と持ち掛ける。

浜吉は当時、プレス機五台でカイロや蚊取り線香を作っていた。孫で「小島プレス工業」（愛知県豊田市）四代目社長の小島洋一郎（67）は、「冬と夏しか金が入ってこなかったので、安定した商売にあこがれたのでしょう」と話す。

ここから受注を得るまでの奮闘ぶりは、小島プレスの社史が詳しく伝える。妻の助力で豊田織機の購買窓口を紹介されたが、名前も覚えてもらえない。ようやく名前で呼ばれたときも「小島さん、食べるもんをつくるんじゃないんだぞ」と袖にされる。

それでも浜吉は名古屋から刈谷まで汽車で通い詰め、「自動車部品なら何でも全力でやります」と食い下がる。げたの底がすり減った九カ月目の三七年七月、ついに図面を渡された。

喜び勇んで帰宅し、妻に図面を見せ、われに返った。「これは車の部品ではない…」。縦長の四角い形をしているが、消火用の砂を入れておく壁掛け用「砂バケツ」だった。

洋一郎は「技量が試されたのだと思う」と推し量る。浜吉は翌月、リヤカーいっぱいに砂バケツを積み、汗を噴き出しながら刈谷まで二十キロ以上、真夏の東海道を歩んでいった。

小島浜吉が作った「砂バケツ」＝いずれも小島プレス工業提供

その後、豊田織機から独立したトヨタから突然、浜吉に連絡が来る。通された部屋には創業者、豊田喜一郎がいた。

「小島さんですね、話はよく聞いています」。黒ぶち眼鏡の四十三歳の紳士は、三つ年上の浜吉に熱く語り始める。

「私はフォードやシボレーのような乗用車を、日本人の手で造りたい。部品一つ一つから出発しなくてはいけない。ともに苦労を分かち、頑張りましょう」

隣の部屋の机には、見たこともない形の金属部品が所狭しと並んでいた。米国のシボレーのエンジンを分解したものだった。

「どうぞ、できる物を持っていってください」と促され、浜吉は小さく平たいドーナツ形の金属を手に取り、拝むように頭を下げた。「ワッシャー」と呼ばれる、ボルトを固定する座金だった。

「円形に穴をくりぬくだけの、一番簡単そうな部品だったから選んだ」と洋一郎は伝え聞いている。トヨタ系列の古参が、初めて部品の受注をつかんだ瞬間だった。

メモ **小島プレス工業** トヨタ自動車取引先でつくる協力組織「協豊会《きょうほうかい》」最古参企業の一つ。名古屋市の金物業「小島商会」を前身に１９３８年に設立される。終戦間際の名古屋空襲を受け、現在の豊田市に移った。現在は内外装の合成樹脂や電子部品が主力製品で、２０１３年12月期の売上高は１３８８億円。グループ企業を含め国内22拠点で、従業員は約５６００人。

2 古いくぎも使え

機械音が響く部品工場に夕日が差し込み、一日の作業が終わろうとしていた。つえをついて見回りをしていた小島プレス工業創業者、小島浜吉は、片隅で遊ぶ幼稚園児の孫に気付き、手招きする。浜吉は孫に手伝いをさせようと、小さな手に「コ」の字形の磁石を握らせた。「これでくぎを拾って歩きなさい」

現在、四代目社長となった小島洋一郎が今でも思い出す祖父の姿だ。

洋一郎は「こんなことをやらせて」とふてくされながら、工場の床にしゃがんで磁石をはわせる。浜吉は何かを言いたげに、ずっとついてくる。集めたくぎを缶に入れていると、浜吉は優しく語りかけてきた。「曲がったくぎも、たたいて直して使うんだ」

洋一郎が十二歳になった一九五九（昭和三十四）年秋、死者・行方不明者五千九十八人を出す伊勢湾台風が東海地方を襲う。洋一郎はこのとき、祖父の言葉の重みを感じることになる。

荒れ狂う風に、豊田市の工場や事務所の屋根のトタンははがされ、屋根の一部は、五百メートル離れた駅前にまで飛んだ。

洋一郎は翌朝から、百人以上の従業員に加わり修繕に取り掛かる。陣頭指揮を執る浜吉の「古いくぎを使え」の掛け声に、従業員たちは飛ばされたトタンや木材から手慣れた様子でくぎを抜き、金づちで真っすぐに直す。くぎはすぐにバケツいっぱいになった。

工場に余っていた薄い鉄板をトタン代わりに使い、くぎで屋根をふさいでいく。未曽有の災害の後で新しい建設資材はどこからも入ってこなかったが、小島プレスは三日で復旧した。「ものは最後まで使い切らんといかん」と、洋一郎は心に刻んだ。

その十年ほど前、終戦直後で日本中が物不足にあえいでいたときも、浜吉は自らの信念を実践し、トヨタや部品メーカー仲間を手助けしている。

トヨタは自動車生産を再開していたが、資材不足が悩みだった。「もったいない」。浜吉はトヨタの工場を訪れるたび、隅に積み重ねられた鉄板の切れ端を見ては嘆息していた。

四八年一月のある日、浜吉は意を決してトヨタ

小島プレス工業の工場で働く従業員たち＝1949年、愛知県挙母市（現豊田市）で（同社提供）

幹部に持ち掛ける。「あの切れ端を使えば、小さい部品なら十分、できますよ」。切れ端の山を買い取ることを提案すると、トヨタは喜んで応じた。

浜吉は直ちに、切れ端を部品用鉄板として再生する会社の立ち上げに動く。鉄板不足で困っていた部品メーカーも助かるはずだった。取引先仲間の三十五社から出資金を集めると、四九年三月に協豊シャーリング（現協豊製作所）をトヨタの近くに発足させる。

工場の建屋には壊れかけたトヨタの倉庫を移築して使った。「最少のお金で最大の効果を上げることに徹底的にこだわった」と洋一郎が浜吉の思いを代弁する。

この会社の初代社長に就いた浜吉は、七四年に死去するまで会長を務めた。くぎ一本も無駄にしない信念は、トヨタ系列の共有財産となり、今日に受け継がれる。

3 戦火耐え　育んだ信頼

太平洋戦争の戦況は日に日に悪化し、宴席の部品メーカー幹部たちの表情もさえない。「徴兵で熟練工を取られた」「戦時統制で物資が入らない」。口をつくのは愚痴ばかりだ。

一九四三（昭和十八）年、トヨタ取引先十数社が愛知県刈谷市の料亭「大喜館」で懇親会を開いていた。取引先は三九年に「協力会」をつくったが、時折、会合を開く程度だった。

「こうやって親睦会ばかりやっていても仕方がない」。小島プレス工業社長の小島浜吉らが声を上げると、「トヨタとの連携を密にしよう」と場が盛り上がった。

浜吉がトヨタに相談すると、「協力工場との間柄を緊密にするのは大賛成」と話がまとまり、この年の十二月、トヨタを巻き込んで「協豊会」が発足する。トヨタ副社長の赤井久義（故人）が会長に、浜吉は副会長の一人となる。

町工場がトヨタに助けを求めるための結束だったが、設立総会であいさつした浜吉は部品メーカーの誇りも見せる。「トヨタ自動車20年史」がその言葉を伝える。

「人間にとって頭や心臓は最も大切です。とはいえ、小さいながらも小指がなければ不自由です」

トヨタに比べ小指ほどの存在だと自覚しながらも、車造りに欠かせないと強調した。孫で小島プレス現社長の小島洋一郎は「最も心に残る浜吉の言葉」として、今も経営哲学としている。

浜吉が示した協豊会の気概は、空襲の最中でも示される。トヨタもそれに応えていく。

まだ薄暗い早朝の浜松駅。男たちがねじ部品を詰めた大きなリュックサックを背負い、汽車に乗り込んでいく。トヨタに部品を納めにいく石川鉄工（現ソミック石川、浜松市南区）の従業員たちだった。

遠州灘沖には米軍艦隊が迫り、トラック輸送は艦載機の機銃掃射の標的となってきた。それでも当時社長の石川薫明《しげあき》（故人）は「得意先には絶対に迷惑をかけてはならん」とげきを飛ばした。トラックの代わりに汽車と徒歩でトヨタに部品を届けるようになる。

四五年四月、浜松の空襲で工場が爆撃され、従業員や学徒動員の生徒ら三十二人を失う。そのときトヨタは急きょ、浜松までトラック数台を回し、上阿多古村（現在の浜松市天竜区）まで工場を疎開させるのを手伝う。

「トヨタが苦しい時に助け、こっちが苦しい時は助けられた。それがなければ今はない」とソミック石川の社長、石川雅洋（52）は話す。

戦時中に零戦など戦闘機向けに部品を生産し、トヨタに請われて自動車部品を作るようになった伊藤金属工業も、四五年三月の空襲で名古屋・栄にあった工場を全焼。トヨタグループから建築資材を譲ってもらい、刈谷市に移る。それを機に、航空機産業との取引をやめ車部品一本に絞る。

ところが終戦後、連合国軍総司令部（ＧＨＱ）が自動車生産を制限し、当時社長の伊藤利一（故人）は従業員の給与も払えなくなる。利一を知る現専務の山本晃（62）は「トヨタについていくのは正直、厳しかった」と話す。それでも「社長は自分の株や土地を売って給料を払った」と聞いている。

「系列が良い、悪いという議論があるが、それには歴史がある」と、ソミック石川会長の石川晃三（69）は力を込める。戦火をくぐり抜けた協豊会は単なる取引関係を超え、世界にまれに見る団結心を育

1945年に開かれた協豊会総会の記念写真＝「協豊会50年のあゆみ」から

んでいった。

メモ **協豊会**《きょうほうかい》 トヨタ自動車と取引先が懇親のほか、生産性向上のための研修や視察をする任意団体で、現会員数は224社。ボッシュ（ドイツ）、ポスコ（韓国）など外資系の加入も増えている。設備メーカーや物流会社などでつくる「栄豊会」（62年設立）とともに「二豊会」と呼ばれ、トヨタ系列を代表する組織となっている。戦後、東海、関東、関西の各協豊会に分かれたが、99年に統合された。事務局は豊田市のトヨタ会館内。

4 「されどねじ」重み痛感

工場内に電話が鳴り響く。受話器を上げると、怒気を含んだ声が手短に用件を告げた。「今からすぐに来てくれ」。トヨタ自動車工業専務の豊田英二からの呼び出しだった。

ねじ製造のメイドー（豊田市）会長、長谷川士郎（79）は一九五七（昭和三十二）年、父の鉱三（故人）に連れられてトヨタ本社にはせ参じたのを覚えている。

当時は明道鉄工所といい、鉱三が社長を務め、工場は名古屋市中川区にあった。息を切らして到着した親子に、英二は厳しい口調で切り出す。

「長谷川さん、こんなものを出していたら、取引は中止ですよ」

手には折れたねじ。近く発売を控えていた大衆車「コロナ」の足回りに使われる部品だった。熱処理が不十分で強度不足だったのだろうか。

鉱三は押し黙ったまま。二十代の士郎は我慢できず「ねじの締め付け方がおかしいんじゃないですか。うちだけが悪いんじゃない」と口走ると、英二は「ばかやろう」と色をなした。「寡黙な英二さんが、瞬間湯沸かし器のようになった」と驚きを振り返る。

トヨタとの付き合いは長い。二四年、名古屋市西区の明道橋のたもとでねじ工場を始め、二年後には創業間もない豊田自動織機製作所（当時）に織機を組み立てる角ナットを納入した。五人兄弟の四男坊だった鉱三は負けず嫌いの性格で「どこよりも良い品を、どこよりも安く、どこよりも早く」が口癖だった。

三三年、豊田喜一郎が豊田織機内に自動車部を設置すると、取引先はそのまま豊田織機にだけ納めるか、自動車部にも納めるかの選択を迫られた。明道鉄工所にも自動車部の購買部から「自動車の仕事もやらないか」と声が掛かる。ここで鉱三は、自動車部品も作る道を選ぶ。

この父の決断に、士郎は「うちの会社は名古屋にあって、豊田織機への参入も後発。できたばかりの自動車部に入れば、〝外様〟でなくなると考えたのでは」と推測する。四三年、トヨタ取引先の組織「協豊会」が立ち上がると、鉱三は副会長の一人として中心的な役割を果たす。

それだけに、コロナのねじで不良が見つかったことに鉱三は衝撃を受け、黙り込むしかなかった。英二の呼び出しで、「二度と不良品を出せない雰囲気となった」と士郎は言う。英二の厳しい態度も「信

高品質のねじ作りにこだわるメイドーの製造ライン＝愛知県みよし市で

頼の裏返しだ」と受け止めた。

七〇年代からは、英二が推進した「トヨタ生産方式」を積極的に取り入れる。工程でひとたび不良品が見つかれば、一週間かけてでも原因を突き止めた。工場出入り口には「１００％品質保証工程　あらゆる不良流出ゼロ」の大看板も掲げた。

二〇〇八年秋のリーマン・ショックを受け生産が六割落ちたとき、停止中のラインを使い、品質向上の世界最高位の賞であるデミング賞に挑戦させた。一〇年に受賞を達成し、一三年には大賞にも輝く。

「ほかの部品メーカーの手本になってもらえて感謝しています」。一三年の授賞式で、元社長で相談役の長谷川款一《よしかず》（84）は、トヨタ名誉会長の豊田章一郎から掛けられた言葉が耳に残る。

「たかがねじだが、自動車で最も大事な部品だ」と士郎は言う。「それを教えてくれたのは、トヨタだった」と付け加えるのも忘れない。

メモ

メイドー　自動車の足回りに使われる高強度のボルト、ナットを一貫生産し、取引の95％をトヨタグループが占める。２０１３年度の売上高は２９７億円。グループ企業を含め国内外13拠点で、従業員は

１０２６人。１９６４年に豊田市に現在の本社工場を建設している。

5 「トヨタ」名乗れぬ船出

トヨタ自動車工業の電装部品部門は不良品続きで、本体から切り離されようとしていた。名目は「専門会社化して力をつける」。ただ、社長の豊田喜一郎が、新会社幹部となる男たちに掛けた言葉は厳しかった。

「トヨタの信用を食いつぶしてもらっては困る。社名も、トヨタを名乗るのは遠慮してほしい」

後に「日本電装」（現デンソー、刈谷市）と名乗ることになるトヨタの一部門は一九四九（昭和二十四）年、会社設立の準備に入っていた。その一人が、事務方トップの取締役に決まっていた四十歳の岩月達夫（故人）だった。

喜一郎にはたびたび「トヨタの名を使わせてほしい」とすがりつくが、聞き入れてもらえない。「喜一郎さんは『トヨタの名を冠した会社がすぐに倒産するのはまずい』と考えていたのかもしれない」。岩月の長男伸郎《しんろう》（69）＝元トヨタ取締役、元デンソー副社長＝は、生前の父がそう話したのを覚えている。

このころ、戦後の金融引き締め策のあおりでトヨタ自身が資金繰りに窮し、喜一郎は金策に走っていた。翌年には労働争議の中で社長辞任に追い込まれてしまう。日本電装の初代社長に就いた岩月の上司、林虎雄（故人）は晩年、分社化の理由の一つが「トヨタ再建の足手まといとなる事業を分離するためだった」と、自動車雑誌への寄稿で明かしている。

エンジン始動モーター、計器、発電機――。車の電装部品は激しい温度変化と振動にさらされる。家電とは比べものにならない耐久性が求められ、創業期のトヨタが最も苦労した分野だ。

モーターは電流の加減が分からず、コイルが一日で焼き切れた。戦時中の軍用トラックの生産で喜一郎は自社製品を使うことをためらい、大手電機メーカーにも外注するが、それも漏電を起こす。電装部品は不良品に備え二割増で生産せざるを得ない非効率ぶりだった。

発足して間もない日本電装の工場。旧豊川海軍工廠の精密機械が払い下げられた＝デンソー提供

「トヨタを名乗るな」と喜一郎に言い渡された以上、林や岩月は未練を捨てるしかない。「電装品はトヨタだけを相手に成り立つ商売じゃない」と開き直り、社名を考えた。「愛知電装か」「刈谷電装や東海電装という手もある」「狭いな、どうせなら海外にも飛躍できる会社にしよう」。四九年十二月、「日本」を冠して新会社が発足した。

その経営陣の最初の大仕事は、全従業員の三分の一に当たる四百七十三人の解雇。後にトヨタ本体が二千人超を削減する労働争議の引き金となる決定だった。刈谷には、「国際独占資本への闘争」を掲げた急進左派の全日本自動車産業労働組合（全自動車）の活動家が乗り込み、反対運動が激しさを増す。

岩月は単身、労組に乗り込み「船は難破しかかっている。下船する人がいなければ一人も助からない」と声をからした。

愛知県岡崎市の岩月の自宅庭には、高い塀の向こうから次々と馬ふんが投げ込まれたのを、幼児だった伸郎は記憶している。剣道の心得がある岩月は木刀を持って出社する。

日本電装は「業績が回復したら再び雇う」と約束して、トヨタより一足先に五〇年四月、争議を終結させる。岩月は「木刀を使わなくてよかった」と、後に伸郎に語っている。

メモ　デンソー（旧日本電装）　ボッシュ（ドイツ）と肩を並べる世界最大級の自動車部品メーカー。エンジン部品やエアコン、衝突安全センサー、カーナビゲーションなどを、世界のほぼ全ての完成車メーカーに納める。売上高のうちトヨタグループが占める割合は約半分。２０１４年３月期の連結売上高は

4兆959億円、連結営業利益は3776億円で、完成車メーカーのマツダやスズキも上回る。従業員は全世界で14万人。1996年、日本電装から社名変更した。

6 世界の後ろ盾つかむ

トヨタ系で「最も貧弱」と呼ばれていた工場に、スイス製や米国製の精密機械が続々と運び込まれていく。「東洋一の兵器工場」とうたわれた豊川海軍工廠《こうしょう》（愛知県豊川市）で使われていた八十台。「なぜあそこだけがうまい思いを」と他のトヨタグループ企業からやっかみの声すら上がった。

一九五一（昭和二十六）年一月、発足したての日本電装は、連合国軍総司令部（GHQ）が差し押さえていた生産設備を借り受ける。海軍工廠は終戦直前に空襲を受けたが、一部の機械は疎開され残っていた。

日本電装取締役の鈴木隆一（故人）は、愛知県庁にいたGHQ係官から「戦後賠償用の機械を貸し出す制度がある」といち早く聞き出した。電装部品の主要な生産設備は戦時中、航空機産業に召し上げられ、残っていたのは旧式ばかり。鈴木は「『自動』と名の付く機械は、全部借りよう」と、GHQと掛け合った。

おかげで朝鮮戦争の特需に乗り遅れず、その後、機械もそのまま払い下げられる幸運に恵まれる。発足直後から倒産のうわさが絶えなかった新会社は、当面の危機を乗り切る。

このころ、常務の岩月達夫の長男伸郎は、父が自宅でしきりにドイツ語の教科書を広げていたのを覚えている。

伸郎は小学生だったが、「父がドイツ人と何かの交渉中だったのは、言われなくても分かった」と振り返る。五二年十二月、自動車部品メーカーの世界最高峰、ボッシュ（ドイツ）の視察団が日本電装を訪れる。岩月はこれを一大転機にしようと意気込んでいた。

当時のドイツは東西冷戦の最前線。ボッシュは有事に備え、その技術を世界各地の提携先に分散しようと考え、日本でも相手を探していた。

実績もない日本電装を訪ねたのは、トヨタ創業者の豊田喜一郎が、合金の世界的権威だった東大工学部の同級生にたびたび「ボッシュを紹介してほしい」と頼んでいたこともあった。

ボッシュと提携できれば、最先端技術の特許を使えるようになる。岩月は、視察団が言い残した言

技術提携を結ぶ日本電装の岩月達夫（左から２人目）とボッシュ社長のハンス・ワルツ（中）ら＝ 1953 年 11 月、西ドイツのボッシュ本社で（デンソー提供）

葉に胸を躍らせる。

「当社との契約をご希望なら、三日後までに東京にいらしてください」

特需で沸くトヨタという得意先を持ち、機械の手入れもいいのが気に入られたのだろう。とはいえ、視察団は既に電機メーカーを二、三社回っており、日本電装は最後の訪問先だった。

社長の林虎雄と岩月は「他社に先を越されたらおしまいだ」と焦る。その日のうちに役員会を開いて「提携したい」と意思決定し、翌日には二人そろって東京にいた。

「会社が置かれた状況からみて、必死だったんだろう」と伸郎は父の心中を察する。

五三年十一月、正式調印のためドイツを訪れた岩月は、二百台のテスト車両や、四千五百人もの研究開発陣を持つボッシュの規模に圧倒された。

資本金で日本電装の百倍。提携では、工場の建て方から設計のノウハウまで全ての技術を伝授する上、日本電装の業績が悪いときは、特許使用料を値引きする気前のよさだった。

後に自らもデンソー副社長となる伸郎は「ボッシュは、うちがやがて肩を並べる存在になるとは考えていなかったのだろう」と話す。強力な後ろ盾を得た日本電装は、世界で闘う力を蓄えていく。

7 海外に誇るエアコン

真昼の太陽が照りつける砂漠で、技術者たちが道路脇に止めた車の下に潜り込む。日差しを避けても、熱風が肌を焦がす。待つことおよそ一時間、技術者たちは声を掛け合う。「そろそろ始めようか」

世界最高気温の記録を持つ米カリフォルニア州内陸部の「デスバレー（死の谷）」。一九六八（昭和四十三）年八月、当時四十歳の日本電装技術者だった石丸典生《つねお》（86）＝元デンソー社長、現顧問＝は、試作したカークーラーをテストしようとしていた。

気温五〇度近い炎天下に、北米輸出を控えていたトヨタの小型車「コロナ」を一時間ほどさらす。車内温度が六〇～七〇度になったところで車に乗り込み、走りだした車でクーラーをかけ、効き具合を温度計で確かめる。五分もしないうちに涼しくなっていく。

「これならいけそうだ」。石丸は冷え具合に手応えを感じ、ホテルのある街へ戻った。自動販売機でコーラを買い、熱気にさらされたのどに流し込む。「うまかった。日本ではあんな味はしない」。石丸の口には今もその味がよみがえる。

コロナは輸出用トヨタ車として初めてクーラーを載せた車となった。石丸は「完全にアメリカ市場を狙った開発だった」と言う。カークーラーは米国で需要が高まっていたが、テキサス州の地場の中小メーカーが作っていただけ。日本電装はコロナの成功で米国で足場を固め、その後、ヒーターを組み合わせたカーエアコンで世界をリードしていく。

クーラー開発を本格的に始めたのは五六年。その二年前に、提携先のボッシュ（ドイツ）から技術供与を受け、ヒーターを作っている。これが販売好調だったため、技術陣が「暖められるなら冷やせるはずだ」と自力開発に挑む。

この取り組みを、後に三代目社長となる常務の白井武明（故人）が、当時のトヨタ自動車工業社長、石田退三に説明する。白井の次男久雄（67）＝愛知県東郷町＝は、石田の冷めた反応を父から聞いている。

「車にクーラー？　家にも付いてないのに、車に必要なのか」

六二年に日本電装に入社した石丸も、当初のカークーラーが「ものすごく馬力を食って、エンジンに負担をかけていた」と思い出す。クーラー付きの中

砂漠でカークーラーをテストする石丸典生（左）ら＝1968年8月、米カリフォルニア州デスバレーで（デンソー提供）

古車は「傷んでいる」と不評なため「クーラーをはがして売っていた」ほどだった。

だが北米向けコロナのクーラーは、小型車にも負担にならない高性能を見せつける。これを機に日本電装は七〇年、愛知県西尾市でカーエアコンの大量生産を始める。高級車向けだったエアコンは七四年発売の「カローラ」に搭載され、国内でも市民権を得ていく。

エアコンの成功は、先生役だったボッシュからの独り立ちにもつながった。クーラーは夏も涼しい欧州で需要が弱く、ドイツのボッシュが全く手を付けていない分野だった。

「電装部品は欧州でも米国でもボッシュとぶつかったが、エアコンは世界中どこでも遠慮なく市場開拓できた」と石丸は振り返る。カーエアコンは国内シェア60％、世界でも30％超を誇る看板商品に成長した。

九六年、石丸が社長のとき、デンソーへと社名変更を決める。「かつては『日本』という言葉の信用力に頼ったが、国際企業としてもはやそのイメージが狭すぎるようになった」と石丸は説明する。不良品に悩まされた出発から半世紀足らず。「海外へ飛躍する」という創業時の大見えは、現実となっていた。

8 小異捨てライバル合併

特攻機のエンジンを手掛けた工場は荒れ果てて、閑散としていた。終戦から間もない一九四五（昭和二十）年十一月、刈谷市の旧航空機部品メーカー工場に、トヨタ社長の豊田喜一郎が足を運んだ。軍の要請でトヨタが川崎航空機工業（現在の川崎重工業）と共同出資して生まれた「東海飛行機」。戦後、「愛知工業」として再出発しようとしていた。喜一郎は訓示する。

「これからは平和産業だ。人は衣類が必要。ミシンは非常にいい」

ミシンなら、トヨタの源流である自動織機造りの技術を生かせる。「目標は月産一万台」。当時としては驚異的な規模の試作命令を出した。

喜一郎のいとこ、豊田英二の長男幹司郎（アイシン精機会長）は「自動車部品が満足に作れない時代。とにかく食べるためにミシンを始めた」と伝え聞いている。

喜一郎は、多忙な自動車開発の合間を縫って工場に顔を出し、自動織機の仕組みを説明して開発陣を励ます。一年後、第一号ミシンが完成。喜一郎は、自動車以外で初めて「トヨタ」ブランドの使用を認める。

「トヨタミシン」は米国で品質や性能が高く評価され、「輸出品として外貨の獲得に貢献した」と幹司郎は言う。この名残で、愛知工業を引き継いだアイシン精機は今でもミシンを手掛けている。愛知工業はその資金をてこに、自動車の変速機やブレーキの生産を伸ばし、部品メーカーとしての頭角を現していく。

愛知工業に工作機械を納めるため設立された会社が新川工業（愛知県碧南市）だった。戦後はクラッチやドア周り部品をトヨタに納め、存在感を増していた。

「兄弟会社」と呼ばれた二社を、外圧が引き寄せることになる。政府は六〇年、米欧から高まる貿易自由化の要求を受け、競争力の高い業種から輸入自由化する方針を決めた。

トヨタは対応に動く。六一年二月、愛知、新川の両社トップがそろう会合で、トヨタ副社長だった英二が訴えかけた。

「日本の自動車産業発展のため、小異を捨て大同についてほしい」

幹司郎は「両社とも、そのままでは外資に勝てない。生き残るために規模

戦後の愛知工業を支えたトヨタミシンの１号機。後ろの写真は、開発を命じた豊田喜一郎（左）ら歴代の愛知工業社長＝愛知県刈谷市のアイシンコムセンターで

を大きくしたのだろう」と英二の狙いを語る。

六五年八月末、両社は合併し、愛知の「アイ」と新川の「シン」を連ねて「アイシン精機」が発足、刈谷市に本社を置いた。

資本金は愛知が二十億円超で、新川は六億円程度。だが新会社の役員構成は旧新川が十四人と、旧愛知の十一人を上回った。

旧愛知出身の岡本強（80）は当時、「新川に進駐軍のように占領された」と感じたことを覚えている。「一緒に酒が飲めるか」と、人間関係は冷えきっていく。これに対し、旧新川出身の鈴木泰寛（72）＝元アイシン開発社長＝は「新川は利益率が高くて元気がよく、乗っ取った形になった」と振り返る。

英二のいとこで、旧愛知からアイシン専務となった豊田稔（故人）は社内融和に心を砕く。合併間もなくの人事で、一つの部署を二つに分けて部長や課長職を増やし、二社の出身者に平等に分け与えた。

製造現場では品質管理をグループで取り組ませた。社員は工場の隅で深夜まで明かりをともし、出身会社の枠を超えて現場の改善に取り組んだ。

「いや応なしに一体感が生まれた。新川の個人技と愛知の組織力が一つになった」と岡本は振り返る。融和したアイシンが、社名にふさわしい第一歩を踏み出した。

メモ **アイシン精機**　デンソーと並ぶトヨタグループの世界的な部品メーカーで、全世界で１８７社あるアイシングループの中核企業。本体では自動車のドア周り部品やエンジン関連部品を作る。子会社に自動変速機（ＡＴ）世界最大手「アイシン・エィ・ダブリュ」、国内ブレーキ最大手「アドヴィックス」などがある。グループ従業員は約９万人、２０１４年３月期の連結売上高は２兆８２２２億円、連結純利益は９００億円。

9 心躍らせる自動変速

未舗装の国道1号を、米国車のシボレーが砂煙を上げ、三河から名古屋に向かっていく。ハンドルを握っていた二十七歳の青年はトヨタ創業者、豊田喜一郎の長男章一郎（現トヨタ名誉会長）。助手席に座った豊田稔は乗り心地に感心しながら、九歳年下の章一郎にしきりに質問を浴びせる。

「滑るように走るが、クラッチなしでどうやって走れるんだ」

豊田稔

一九五二（昭和二十七）年、後にアイシン精機社長となる稔は、いとこの喜一郎が乗用車研究のために購入したシボレーで、初めて自動変速機（ＡＴ）を体験した。

稔は手動変速機を作るトヨタ直系部品メーカー、愛知工業（刈谷市）に勤めており、ＡＴにはひとかたならぬ関心を抱いた。

章一郎はこの当時、「父の喜一郎が日本独自の自動変速機を目指していた」と振り返る。章一郎はその命を受け、後に愛知工業と合併する新川工業（同県碧南市）にも出向き、車の試作に取り組んだ。

車内で章一郎は、クラッチを操作することなく、アクセルを踏むだけで発進、変速していくＡＴの仕組みをよどみなく解説し、「自動車で最も難しい部品です」と強調した。二人は「モータリゼーションが進めば、これが標準になる」「これからは女性ドライバーが増える。トヨタもＡＴを作らなくては」と意気投合していった。

愛知工業の刈谷工場で自動変速機「トヨグライド」を組み立てる作業員たち＝1960年代、愛知県刈谷市で（「アイシン・エィ・ダブリュ30年史」から）

米国では四〇年代から大型車にＡＴが普及していたが、燃費は悪く、ガソリンがぶ飲みのイメージをつくり上げた。アイシン精機会長の豊田幹司郎は「よく壊れるし、日本の小型車にはなじまないと考えられていた」と話す。

それでも五三年、前年に他界した喜一郎の遺志を継ぐように、トヨタは海外製品を参考に国産ＡＴの開発を始める。他メーカーも開発競争に加わり、東大の生産技術研究所には各社の技術者が詰め掛けた。

トヨタは五九年、他の大手自動車メーカーに先駆け、十年ほど前の米国製とほぼ同じ仕組みの二速AT「トヨグライド」を完成させる。クラウン系の商用車「マスターライン」に装着し、国産初の量産AT車を送り出す。

「トヨグライド」の生産量が多くなるにつれ、生産をトヨタの工場から外部に移管する話が持ち上がる。愛知工業常務になっていた稔は「うちでやらせてほしい」といち早く名乗り出て、六一年から生産を始める。

このとき、兄弟会社の新川工業も手を挙げたが、稔は自ら「トヨタミシンの生産で培った精密機械の技術がある」とトヨタ首脳を説得し、移管を勝ち取る熱の入れようだった。

六五年、愛知工業と新川工業が合併してアイシン精機が発足し、AT量産が軌道に乗ろうとした矢先に、暗雲が立ち込める。「トヨグライド」が全米きっての変速機メーカーの特許を侵害している疑惑が浮上したのだ。

【豊田《とよだ》稔《みのる》】　早稲田大法卒。豊田紡織（現トヨタ紡織）などを経て、1952年愛知工業入社。新川工業と合併後のアイシン精機で社長、会長を歴任。子会社のATメーカー「アイシン・エィ・ダブリュ」（旧アイシン・ワーナー）でも社長、会長を務める。トヨタ自動車工業創業者の豊田喜一郎、元社長の豊田英二はいとこ。92年に76歳で死去。

10 開発促進へ涙の合弁

特許侵害の調査を始めて三カ月。アイシン精機入社一年目の技術者だった水野清史（74）＝現アイシン精機顧問＝は、その結果に意気消沈したことを思い出す。

「百六カ所も抵触しているとは」。自社で生産するトヨタ初のAT「トヨグライド」が、先行する米国屈指の変速機メーカー、ボーグ・ワーナーの特許の網にことごとく引っかかっていた。

一九六五（昭和四十）年、水野は突然、上司から「アメリカの変速機の特許を徹底的に調べてくれ」と指示される。

そのきっかけは、ワーナーがAT市場として日本に注目し始めたことだった。競合する「トヨグライド」に、ワーナーが法的な関心を示しているとの情報も入っていた。

トヨタは先手を打つように、米国から関連資料を取り寄せ、アイシンと調査を始める。水野らの調査では、海外製を参考にした国産ATは、基礎技術のほとんどで米国の特許を侵していた疑いが強かった。「日本ではまだ特許の意識が薄かった。現在の基準ではコピーと言われても仕方がない」と水野は振り返る。

翌年、ワーナーは日本に調査団を派遣する。訴訟への備えも万全にした上で、AT生産の合弁事業を提案してきた。トヨタ側から特許料を得た上で、合弁事業で日本市場での足場をつくる考えだった。

交渉は日米を往復しながら行われ、アイシン精機でＡＴ事業を育ててきた当時副社長の豊田稔が当たる。

稔は、技術力が高いワーナーとの合弁には前向きだった。問題は出資比率。ワーナーは過半数の51％を主張して譲らない。トヨタは最低、半々を望み、外資流入を警戒する通商産業省（現経済産業省）もワーナー案に難色を示した。

「今、交渉からホテルに帰った。今日も進展はなし。疲れた」。稔が録音テープにその日の思いを吹き込んでいたと、秘書だった堀田喜久（72）＝愛知県安城市＝は明かす。テープは交渉中に二十巻に上った。「政府やトヨタの期待を背負

合弁設立の調印後、握手する豊田稔（右）とボーグ・ワーナーの役員＝1969年６月、東京のホテルで（「アイシン・エィ・ダブリュ30年史」から）

い、相当なプレッシャーだった」とおもんばかる。

交渉は六八年に動きだす。ＡＴ合弁の構想が米フォード・モーターと東洋工業（現マツダ）の間でも持ち上がり、先を越されたくないワーナーが「半々」の出資に応じる。六九年五月、合弁のＡＴ専門メーカー「アイシン・ワーナー」が誕生、初代社長に稔が就任した。

合弁でアイシン側はワーナーの特許技術を吸収し、それを足掛かりに燃費性能の高いＡＴを独自に開発していく。技術力は逆転し、ワーナーは次第に経営をアイシン側に任せていく。ワーナーの出資比率が10％まで落ちた八七年、アイシン・ワーナー名誉会長となっていた稔は合弁解消を決める。

合弁終結の調印式後、堀田が二十年近く続いた社名を残そうと提案すると、稔は「もうその名前を使いたくないんだ」と、涙さえ見せた。堀田はそのとき「合弁は苦しみの連続だった」という稔の本心を悟る。

合弁解消後は、旧社名の英語の頭文字だけを使い「アイシン・エィ・ダブリュ」とした。九二年に稔は他界するが、「エィ・ダブリュ」は二〇〇五年、ＡＴ生産で世界一となり、今もその座を守る。

11 助け合いの心忘れず

土地を手放し、九百人に早期退職してもらっても明るい兆しは見えない。「助けてもらえませんか」。一九七九（昭和五十四）年四月、大阪市の部品メーカー、光洋精工（現ジェイテクト）オーナー社長、池田巌（故人）は、トヨタ社長の豊田英二を訪れ、頭を下げた。

光洋精工は、車輪やハンドルなど回転部分に使われ「機械産業のコメ」と呼ばれる軸受け（ベアリング）を作り、日本三大メーカーの一つだった。事業を広げすぎ、七〇年代の石油危機で倒産の危機に直面する。トヨタ取引先の親睦組織、関西協豊会会長を務めていた池田は、最大の取引先トヨタにすがった。

「検討します」と即答は避けた英二だが、池田が帰った後、経理担当取締役だった坪井珍彦《うずひこ》（88）＝現ジェイテクト顧問＝を呼び、再建を手伝うよう告げる。

「トヨタがお金を払えなくてもベアリングを運んでくれたのは光洋精工だ。その恩義にはお応えせんといかん」

「恩義」は、三十年前にさかのぼる。四九年から五〇年にかけ、トヨタは経営危機と労働争議に見舞われる。部品代金支払いも滞り、業を煮やした部品メーカー担当者は購買部の窓口に押しかけ、「うちの従業員の給料が払えない」と詰め寄った。

取引をやめる部品メーカーが後を絶たない中、浜松市の石川鉄工(現ソミック石川)のようにボルトやナットをただで納めた上、米やみそを送ってきた社もあった。光洋精工も「カネはええから」と軸受けを運び続けた。「共倒れになるかもしれなかったのに助けてくれた。それを英二さんは忘れなかった」と坪井は言う。

七九年五月、トヨタが全面支援する光洋精工再建が始まった。トヨタ出身で東海理化社長の井村栄三(故人)が社長として送り込まれ、坪井は非常勤監査役に就いた。英二は坪井に「光洋精工は世界のいろいろな自動車メーカーや産業と付き合っている。そこを大事にしなさい」と声をかけ、送り出す。坪井はその言葉を「安易にトヨタに頼るのではなく、自立できる再建を目指せ」と受け取った。

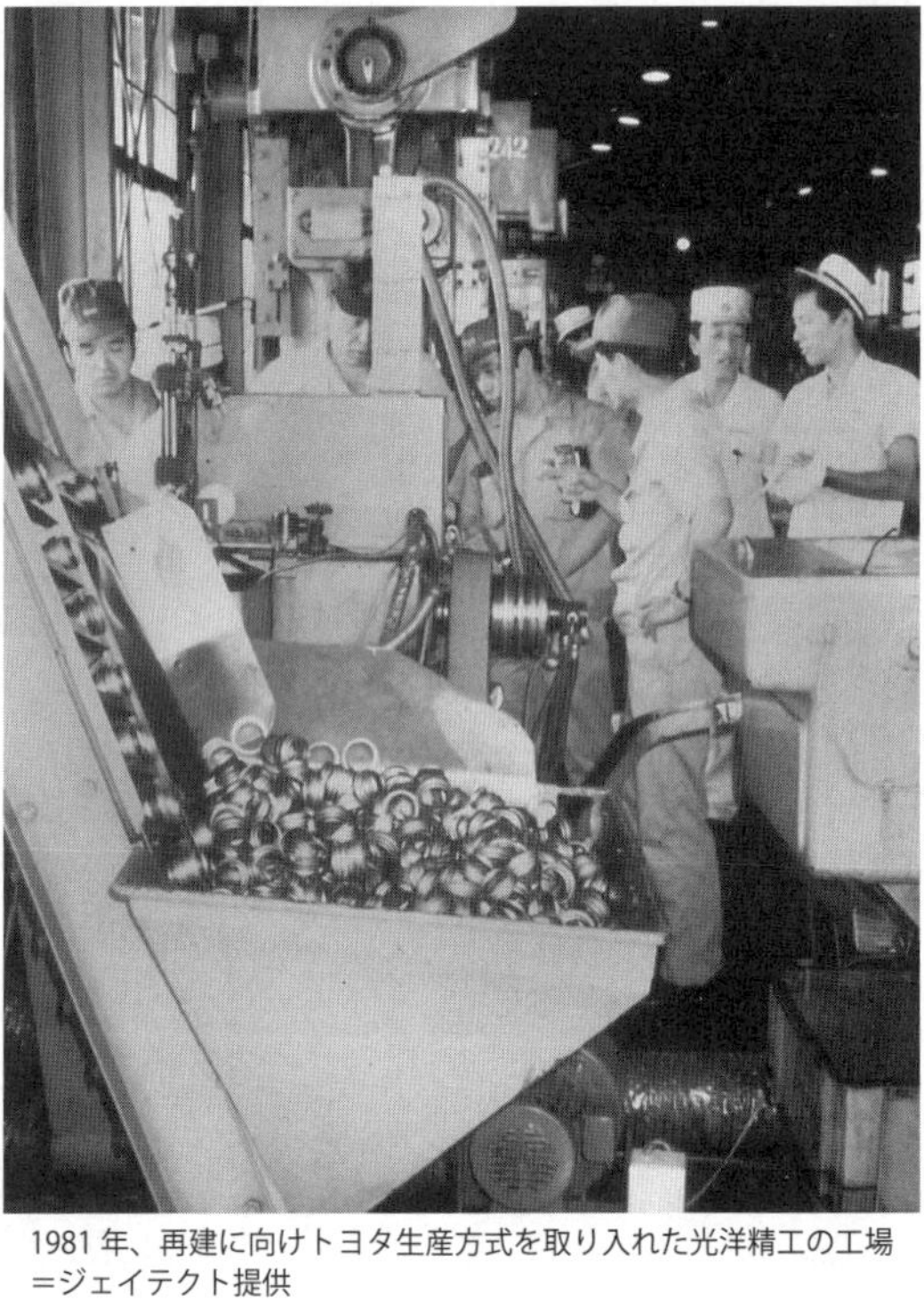

1981 年、再建に向けトヨタ生産方式を取り入れた光洋精工の工場
=ジェイテクト提供

光洋精工の財務状況は坪井の想像を超えていた。累積損失は四百四十二億円。当時、「トヨタ銀行」

と呼ばれたトヨタの余裕資金三百億円を軽く上回っている。倉庫は在庫品であふれ、さびが発生している部品も目立った。

資金面でトヨタから増資を受けながら、不採算部門を切っていく。さらに「無駄な在庫ゼロ」を目指すトヨタ生産方式を現場に導入するため、社員百人以上をトヨタに送り込み、学ばせた。

だが、人には手を付けなかった。坪井はトヨタ入社直後に労働争議を経験し、六二年には労使協調をうたったトヨタ「労使宣言」を起草している。社長の井村に「首切りはやらんでください」と頼むと、井村も「その通りだ」と応じた。

損失は五年で解消し、再建は成功した。坪井は副社長から社長、会長を歴任し、今も光洋精工の後を継ぐジェイテクトに籍を置く。

「軸受け生産は大切な基礎的な産業だ。それを日本からなくしてはいかんという気持ちがトヨタにはあった」と坪井は振り返る。

苦しいときには助け合う。「協力工場はトヨタの分工場。自分の手足と思いなさい」。トヨタ創業者、豊田喜一郎が説いた心は、グループをつなぐ絆として息づいている。

メモ　**ジェイテクト**　２００６年１月、経営再建された光洋精工と、トヨタ系工作機械大手の豊田工機（愛知県刈谷市）が合併して発足。本社は名古屋市。電動パワーステアリングで世界シェアトップで、軸受けや工作機械でも国内有数の大手。14年３月期の連結売上高は１兆２６０１億円。

1 車走らず整備士走る

創業期のトヨタを販売面で支えたのが、名古屋市の日の出モータース（現在の愛知トヨタ自動車）だった。故障続きのトヨタの市販第一号車をサービスで補い、顧客の信頼を地道に築いていった。

名古屋・大須近くの自動車販売店は、大勢の人を集めごった返していた。一九三五（昭和十）年十二月、市販間近のトヨタ「G1型トラック」がお披露目されようとしていた。

予想を超える盛況ぶりを、日の出モータース支配人、山口昇（故人）は複雑な心境で眺めていた。トラックを店に搬入する際、後輪を少し電柱にぶつけただけで車輪周りの部品が壊れた。

社内会議で昇は「この車は必ず故障する」と言い切る。「多少の不便をしのんで使ってくれる、郷土愛のある人に売る」との方針で、地元の運送業者や製材業者ら六人を選び、購入を頼んだ。

昇はもともと、米ゼネラル・モーターズ（GM）系「日本GM」の名古屋の販売代理店に就職。そのころ、後にトヨタ自動車販売の初代社長となる神谷正太郎（故人）が日本GMにいた。神谷はトヨタに転身すると、「国産車販売の試金石になってもらいたい」と昇を口説き、店ごとくら替えさせた。

そのころ「昇自身も外資系の商習慣に疑問を感じ、変えようと思っていた」と、孫で愛知トヨタ社長の山口真史《まさし》（43）は明かす。当時の外資系メーカーは、販売店が資金繰りに困っても援助せず、販売員も顧客サービスに気を掛けなかった。そこで昇は「トヨタの熱意に賭けた」と真史は言う。

G1型トラックは案の定、納車直後から駆動系部品が壊れエンジンが止まり、相次いで立ち往生した。町中で動かなくなったトラックの写真を載せ、「国産豊田またも座禅を組む」とやゆした新聞もあった。

「愛知トヨタ25年史」は、整備士たちが寝る間もなく、立ち往生の現場を米シボレーのトラックで駆け回ったと記す。冬の夜中に農家を起こして薪をもらい、たき火で凍えた指を温め工具を握った。

昇は「真心を売れ」と従業員を指導した。「生半可な知識を振り回すより頭を下げろ。セールスマンが好かれれば、トヨタ車は愛着をもって迎えられる」と、顧客との関係づくりに心を砕いた。

山口昇（愛知トヨタ自動車提供）

販売店の奮闘ぶりに、トヨタ創業者の豊田喜一郎も日の出の整備場に足を運んだ。壊れた部品を自分の目で確認し、自ら改良を指示する。喜一郎がトラックの下に潜ろうとしたとき、二歳年下の昇は「素早くコートを脱ぎ、床に敷いた」と、真史は伝え聞いている。

Ｇ１型発売から四半世紀がすぎた六二年、トヨタは累計生産百万台の記念式典を開く。昇は式典の前に、当時トヨタ自動車工業会長だった石田退三に「初期の購入者を表彰してほしい」と提案した。石田はその提案を受け入れる。政財界の大物たちも招かれた式典で、故障を我慢してトラックを使った顧客やその家族たちが、会場の真ん中で盛大な拍手を浴びた。

メモ

Ｇ１型トラック　トヨタ前身の豊田自動織機製作所自動車部が軍事産業を育てる国の意向に従い１９３５年末に発表、トヨタ初の市販車となった。駆動系部品は米国製トラックをまね、ほぼ試験期間がないまま発売に踏み切ったが、溶接技術や金属耐久性が追いつかず故障続きだった。36年９月に後継のＧＡ型トラックが発表され、生産は３７９台にとどまった。

Ｇ１型トラック

2 労組の闘士　取引先を再建

　取引先と固い絆を築いてきたトヨタ自動車は、協力企業から求められれば、幹部を送って経営を支えてきた。戦後間もなくのトヨタ労働争議で組合を指導した岩満達巳《いわみつ》（故人）も、取引先立て直しに尽力した一人。トヨタで人員削減に抵抗したが、転籍先では労組に削減案をのんでもらう立場に回り、労使協調を根付かせた。

　なじみのない社名を電話で告げられ、慌てて「会社四季報」をめくった。「東京焼結《しょうけつ》金属という会社に行かないか」。一九七二（昭和四十七）年五月、トヨタ自動車工業の東京支社調査広報部長だった五十四歳の岩満は、当時専務の花井正八《まさや》（故人）に転籍を打診される。

　東京焼結金属は当時、東京・池袋に本社があり、鉄粉や銅などを混ぜて金型に押し固めて部品に焼き上げる「粉末冶金《やきん》」が本業。現在は愛知県春日井市の「ファインシンター」となっている。このとき、トヨタに幹部派遣を求めていた。

　岩満は人づてに、ストライキが頻発していると耳にした。「労使関係の正常化を託されたな」と、自らの役割に思いを巡らせる。

　岩満は五〇年のトヨタ労働争議で、労働組合の副闘争委員長として経営陣と対峙《たいじ》した。団交の席で灰皿まで投げ付けたが、涙ながらに千五百人もの削減を受諾した。その後も執行委員長を務めた労組の闘士は、職場に復帰してからも人望を集め、管理職になっていた。

転籍すると岩満は専務となり、すぐに賞与の団交を担う。二年後の七四年、岩満は社長に就くが、第一次石油ショック後の不況に直面した。参入したての高性能磁石は低コスト化に失敗して撤退。さらにトヨタの減産が響き、上場以来、初の赤字が必至だった。

従業員の削減は避けられない。「誠にしのびがたいが、避けることのできない現実だ」と春日井工場と埼玉県川越工場の両労組に希望退職を申し入れた。労組は「経営者に問題がある」と反発し、川越工場はストに入り、十人近い組合員が本社廊下に座り込んだ。

生産効率化を目指す研究会であいさつする岩満達巳＝ 1981 年、埼玉県川越市で（「東京焼結金属 50 年史」から）

その反応はかつての岩満の姿と重なる。ただトヨタでの反省は「企業の発展は労使の信頼確立にある」。岩満は三十回近く団交を重ねた。それでも合意できず、希望退職の募集に踏み切る。六十四人に応じてもらうことになり、後に「涙をのんで危機を突破」と社史に記した。

ほどなく岩満は、生産効率を高めるため「トヨタ生産方式」導入も決める。皮肉にも、トヨタ争議で工場長として「つるし上げた」大野耐一が生みの親の手法。だが岩満は、争議があったからこそ「無駄をなくす生産方式につながった」と前向きにとらえていた。

トヨタから指導に来た大野の弟子、内川晋《すすむ》（76）＝元トヨタ常務＝は、在庫品が床を埋めつくす工場を見て「こりゃ何だ」と厳しく現場をしかった。その内川を岩満は取締役に迎え、改善を任せた。

「企業に稼ぎ出す力がない限り、君たちの賞与も賃金もない」。岩満は粘り強く労組の協力を求めた。内川は「力比べを好まず、ずっと問いかけていた」と岩満を振り返る。

労使協調をうたったトヨタ「労使宣言」から二十三年後の八五年。東京焼結金属の労使は生産性向上に協調する共同宣言を交わし、岩満の念願がかなった。

岩満は九一年末に七十四歳で死去する。トヨタ労組元執行委員長の小田桐勝巳（76）は、晩年の岩満に「委員長は最後の判断を間違えてはいけない」と諭された。労使双方でトップを務めた言葉の重み。岩満は今もトヨタで労使を問わず「がんみつさん」と親しみを込めて呼ばれている。

3 ノーベル賞　苦労ともに

トヨタ自動車グループの豊田合成（愛知県清須市）は、二〇一四年ノーベル物理学賞を受賞した名城大教授赤崎勇（85）と名古屋大教授天野浩（54）の二人の指導を受け、青色発光ダイオード（ＬＥＤ）の製品化に成功した。車部品の枠を超えて新規事業に挑み、世界的な開発に結び付けた。

暗闇の研究室で、ホタルの黄緑色の光が浮かび上がる。これが青色ＬＥＤのライバルだった。研究員たちは顕微鏡をのぞき込み、明るさを比べようとしていた。

豊田合成が門外漢の青色ＬＥＤ開発を始めて一年半たった一九八八（昭和六十三）年。三十歳の小滝正宏（56）＝現知的財産部長＝は結晶にかける電圧を上げると、「ぼやぁ」と青い光が浮かんだ。

「光っているよなあ」「うん」。弱々しいＬＥＤの光に、小滝らの言葉もか細くなる。「ホタルより暗いだろ」の上司の言葉に、光度を測ると、ホタルに負けていた。それでも小滝は「自分たちでもやれる」と希望を抱いた。

開発のきっかけは八五年十一月の名古屋商工会議所の講演会だった。名大教授だった赤崎が半導体について語り、終わり際に「いい結晶ができた。きっと青色ＬＥＤを実現できる」と漏らした。

ノーベル賞発表前、優れた学術研究者に贈られる恩賜賞を受けた赤崎勇（右）にＬＥＤスタンドを贈る豊田合成社長の荒島正（左）＝2014年9月、名古屋市内で（同社提供）

当時、ＬＥＤは三原色のうち赤と緑しかなかった。最も光が強い青ができれば実用性が広がる。ただ、そのめどは世界中のどこにも立っていなかった。

新規事業の芽を探していた豊田合成は、赤崎のひと言に将来性を見いだす。ＬＥＤは車部品以外にも広がるかもしれない。社長の根本正夫（故人）自身が赤崎研究室に出向き、共同研究を申し出た。

赤崎は「一番大切なやる気だけはある」と、半導体の人材も設備もない豊田合成に実用化の夢を託す。

赤崎研究室には、入社したての佐々道成（53）＝現知的財産部主担当員＝が一年間、派遣された。大学院生だった天野ら十数人と実験を繰り返す。赤崎本人は教授室にこもってめったに姿を見せない。だが「ちょっと来て」と学生を呼び出すと「研究室全体が緊張で静まりかえった」と佐々はその存在感を振り返る。

佐々は豊田合成に戻ると、豊田中央研究所（愛知県長久手市）で半導体を学んだ小滝と研究を本格化させ、数カ月ごとに赤崎を社に招き、助言を仰いだ。だがなかなかホタル並みの光を強くできない。

九三年十一月、日亜化学工業（徳島県阿南市）が青色ＬＥＤの量産を始めるというニュースが出た。明るさは豊田合成の五倍。佐々にはすぐ、日亜研究員の中村修二（60）＝現カリフォルニア大サンタバーバラ校教授＝の顔が浮かんだ。

中村は、赤崎と連携していた豊田合成に対し、独力で開発に取り組んでいた。学会で隣の席となり、結晶の物質の話題で盛り上がったこともある。その中村が、赤崎の理論を基に先に実用化してしまった。

豊田合成は巻き返しを図り、九五年十月、日亜の二倍の明るさで量産にこぎつけた。だが日亜は豊田合成を特許権侵害で訴え、豊田合成も提訴し、四十件に及ぶ訴訟合戦に発展する。

六年にわたる法廷闘争の末、両社はお互いに特許を使える契約を結び共存共栄の道を選ぶ。豊田合成LED担当常務だった太田光一（63）＝現顧問＝はこの契約を日亜以外の海外メーカーにも広げ、青色LEDが世界に普及する道を開いた。

「豊田合成さんのおかげです」。ノーベル賞受賞が決まった天野から、太田に電話が入った。「普及に少しでも貢献できたなら、こんなにうれしいことはない」。苦難の日々も、天野の言葉で過去のものとなった。

メモ **豊田合成《とよだごうせい》** トヨタ自動車工業のゴム部門を母体に1949年6月に発足。主力はハンドルやドアなどのゴム枠、樹脂パネルなど。LEDは平和町工場（愛知県稲沢市）と佐賀工場（佐賀県武雄市）で生産し、世界トップレベルの明るさで携帯電話やノートパソコンなど小型精密機器に採用されている。2014年3月期の連結売上高は6894億円で、LED事業はその7・5％を占める。

第十六章

命運かけた環境技術

現代の車に欠かせない環境性能。その開発競争は44年前にできた米国の排ガス規制法で始まった。強まる規制と、乗り越えようとする技術革新の繰り返しがトヨタなど自動車メーカーを鍛えてきた。限界に挑むエコカー開発の歴史を追う。

1 排ガス対策　限界に挑む

着陸体勢に入った機内から、トヨタ自動車会長の内山田竹志は、かすみがかかったロサンゼルスの広大な街並みを眺めていた。

「また空気が汚れ始めているのか」

三方を山に囲まれた米西海岸の最大都市は「光化学スモッグ」発祥の地といわれる。一九四〇年代から大気汚染と闘い続け、世界有数の厳しい環境対策を打ち出してきた。

内山田は二〇一四年十一月十七日、そのロサンゼルス近郊で、燃料電池車（ＦＣＶ）「ミライ」を日本と同時に発表しようとしていた。排ガスを一切出さない上、連続走行距離も長く、広い米国でも安心して乗れる自信作だ。

発表会場となったヨットハーバーを望むホテルに、記者や政府関係者約百人が集まった。「二十年以上、夢だった車が現実になる」。内山田は冒頭から力を込めた。米経済誌フォーブスは「自動車史を塗り替えたプリウスの発売をほうふつとさせる」と、トヨタの新たな挑戦を積極的に報じた。

カリフォルニア州政府の幹部も「これこそわれわれが待っていた車だ」と内山田に賛辞を贈った。

振り返ればトヨタの環境技術開発も、メーカーが悲鳴を上げるほどの規制を課す同州とせめぎ合う歴史だった。規制の本場に認められる喜びは、ひとしおだった。

対マスキー法　大号令

高速道路いっぱいの渋滞が煙を吐き出し、遠方の高層ビル群はもやがかかってはっきり見えない。

トヨタ自動車元副社長の瀧本正民（68）＝現トヨタ学園理事長＝は、新入社員の技術者だった一九七〇（昭和四十五）年、先輩に見せられた米ロサンゼルスの写真を覚えている。

「人ごとじゃない」。このころ、日本でもマイカーが増え東京や名古屋でも大気汚染が深刻化。各地に「光化学スモッグ注意報」が出されつつあった。遅かれ早かれ、日本でも対応を迫られる予感がした。

ロサンゼルスでは四〇年代から、米ゼネラル・モーターズ（GM）や石油メジャーが路面電車網を買い占め、バスに置き換えていった。鉄道は弱体化し、圧倒的な車社会となる。

燃料電池車「ミライ」を米で発表するトヨタ自動車会長の内山田竹志＝2014年11月17日、米カリフォルニア州ロサンゼルス郊外で（トヨタ提供）

街はスモッグで昼間も薄暗くなり、多くの住民が目の痛みや呼吸器障害を患い、野球の試合ができなくなったほどだった。

全米初の排ガス規制を始めた地元カリフォルニア州に合わせ、米連邦議会は七〇年、一酸化炭素（ＣＯ）や炭化水素（ＨＣ）、窒素酸化物（ＮＯｘ）の大気汚染物質を五～六年で十分の一に減らす法案を可決する。自動車・石油ロビーを押し切り、従来の大気清浄法を大幅に強化した通称「マスキー法」だった。

日本の自動車メーカーも「ほとんど不可能」とさじを投げた。だがその二年後、日本でも環境庁（現環境省）が、内容をほぼ丸写しした自動車排ガス規制を発表。規制の輪は瞬く間に世界中に広がっていった。

七〇年、国内最高峰のスポーツカーレース「日本グランプリ」は、日産自動車とトヨタが「排ガス対策に全力を注ぐ」として参加を取りやめ、中止に追い込まれた。瀧本はこのころ、トヨタ社内で大号令がかかったのを覚えている。

車社会を象徴する米ロサンゼルスの高速道路。後方の高層ビル群がかすむ＝1991 年、野口麻子撮影

「かつてエンジン部門にいた者は全員戻れ。エンジンをやりたくて入社した者は手を挙げろ」。瀧本はその一員に加わった。

マスキー法成立から四年で、トヨタの排ガス対策開発陣は三・六倍の千八百七十人、研究開発費は六・七倍の百八十八億円に膨らんだ。東富士研究所(静岡県裾野市)には、排ガスの専用試験設備ができた。それでも技術的なハードルは高かった。「ＣＯを減らすと、どうしてもＮＯｘが増えてしまった」と、瀧本は当時の悩みを振り返る。

決定的な問題は、排ガス対策と燃費の良さを両立できなかったこと。当時社長だった豊田英二は、排ガス規制をクリアしても「スピードも出ず、ガソリンをがぶ飲みするだけの車ができてしまった」と自著「決断」で反省している。

それでも英二は「従来の性能を維持しながら、規制値をクリアせよ」と高い完成度を求め、技術陣にハッパをかけ続けた。

トヨタ、日産という大手がありったけのカネと人を投じる中、「規制値をクリアできるめどが立った」と真っ先に宣言した国内メーカーがあった。四輪車に参入したばかりの伏兵だった。

メモ　ロサンゼルス大気汚染と「マスキー法」　カリフォルニア工科大教授のハーゲン・シュミットが１９５５年、排ガスに含まれる窒素酸化物（ＮＯｘ）などが太陽光で化学反応する「光化学スモッグ」をロサンゼルスで初めて確認。カリフォルニア州は66年に排ガス規制を始めると、70年12月、上院議員エドモンド・マスキー提案の大気浄化法改正案が連邦法として成立した。内容は①75年以降の車に一酸化炭素（ＣＯ）

と炭化水素（ＨＣ）の90％以上の削減②76年以降はＮＯｘも90％以上の削減―を義務付けた。米自動車大手の反対で実施が３年延期され、内容も骨抜きにされるが、日本車躍進の好機となる。

2 ホンダに教えを請う

東京・赤坂プリンスホテルの特設会場は国内外の自動車ジャーナリストでにぎわう。その真ん中でホンダ社長の本田宗一郎（故人）が新型エンジンを得意げに説明していた。

一九七二（昭和四十七）年十月、ホンダは低公害エンジン「ＣＶＣＣ」を発表。二年前に米国で発効した世界一厳しい排ガス規制「マスキー法」を、燃費や動力性能を落とすことなくクリアするとの触れ込みで、世界の自動車メーカーに衝撃を与えた。

「そんなに簡単にできるわけないのだが…」。当時、トヨタ自動車工業のエンジン計画課長だった金原淑郎（85）＝後にトヨタ副社長＝は半信半疑だったのを覚えている。トヨタは欧米のエンジンの特許を調べ上げ、ホンダの開発もうすうす聞いてはいたが、実用化にはほど遠いと踏んでいた。

三種類の大気汚染物質を五～六年で十分の一に減らすマスキー法の厳しさに、米ビッグスリー（自動車大手三社）は「現実的でない」と抵抗し、米議会公聴会で実施延期を求めていた。

そんな中、オートバイから四輪車へ手を広げて十年に満たないホンダが最初に米環境保護庁のテストに合格し、ＣＶＣＣはエンジンとしてマスキー法適合第一号の栄誉に浴する。

ホンダの社史などによると、マスキー法成立前の七〇年夏、本田は研究施設の食堂に技術者を集め、訴えかけた。

「四輪で最後発のうちが、他社と同一ラインに立つチャンスだ」

ホンダ技術陣は、大手メーカーが目を付けないソ連（当時）の文献もあさり、粗悪なガソリンでも動くエンジン設計を参考にした。薄いガソリン濃度でも確実に爆発するよう燃焼室を増やす。すると不完全燃焼が起こりにくくなって汚染物質の排出が減り、独創的なエンジン開発につながった。

「メンツにこだわってはいられない」。ホンダの発表を受け、トヨタ社長の豊田英二は即座に本田を訪ねる。「ＣＶＣＣの技術を売ってほしい」。英二が要請すると、「環境の話だから、

ホンダ鈴鹿製作所のCVCC搭載のシビック生産ライン＝1975年、三重県鈴鹿市で

いいでしょう」と本田は快諾する。CVCC発表のわずか二カ月後、両社は技術供与の契約を交わした。トヨタの技術陣は悔しさを押し殺し、ホンダに教えを請う。金原は「CVCCは窒素酸化物（NOx）対策が苦手で、いずれ行き詰まる」と反発したが、上司に「本命の技術でなく、あくまで保険として習得するんだ」と説得され、埼玉県和光市のホンダの研究所に三、四回、足を運んだ。

ホンダにはまだCVCCを載せる自前の車両がなく、日産自動車の「サニー」でエンジンをテストしていた。それでも、金原に同行した当時技術部長の天野益夫（90）は「トヨタに教えるんだと、みんな張り切っていた」とホンダ社員の印象を語る。昼休みには社員食堂できつねうどんを一緒にすすった。

ホンダは七三年十二月、CVCCを小型車「シビック」に搭載し、大ヒットさせる。この直前に社長を退いた本田の花道を飾った。

CVCCを学んでいた最中のトヨタには、思いもかけない展開が待っていた。国会に呼ばれた社長の英二が、「排ガス対策をまじめにやっていない」と集中砲火を浴びることになったのだ。

メモ **CVCC＝Compound Vortex Controlled Combustion（複合渦流調速燃焼）** ガソリン濃度が薄く混じった空気を燃焼（希薄燃焼）させることで、汚染物質の発生を減らしたホンダのエンジン。薄い混合気で起こりがちな不完全燃焼を防ぐため、副燃焼室を設けて完全燃焼させる。ただその分、エンジン構造は複雑となった。米マスキー法に初めて適合したが、その後に触媒などエンジン外の浄化装置の発達もあり、世界的な主流とはならなかった。

3 反転攻勢　決意固める

質疑で立たされること三十二回。トヨタ自動車工業社長の豊田英二は「公害のシマトラ」と呼ばれた社会党衆院議員、島本虎三（故人）の厳しい質問攻めに遭っていた。

一九七四（昭和四十九）年九月の衆院公害対策・環境保全特別委員会には自動車メーカー九社の幹部が呼ばれ、排ガス対応を問われた。島本は、トップメーカーのトヨタに照準を絞っていた。

「低公害車の開発にどれほど真剣に取り組んだのか、素朴な疑問がある」と、トヨタが排ガス対策で出遅れていることをやり玉に挙げる。「弱小といわれるホンダと東洋工業（現マツダ）は低公害エンジンに成功している。なぜできないのか」と詰め寄った。

英二は「扱う車種が多く、なかなか目的が達成できない」と弁明に追われた。

このころトヨタは、初めて米マスキー法をクリアしたホンダのエンジン「ＣＶＣＣ」をお手本に、エンジン開発を急いでいた。英二の委員会出席から約半年後の七五年二月、「コロナ」「カリーナ」に自前の低公害エンジンを搭載して売り出す。

ところが価格は旧型エンジンの車より高いのに、燃費性能も出力も大幅に落ちていた。折しも第一次石油ショックの後で、消費者は排ガス対策より、安さと燃費に目を向ける。結果的に旧型エンジン

排ガス規制対応について国会の特別委員会で説明するトヨタ自動車の豊田英二（中央）＝1974年9月（トヨタ提供）

車への駆け込み需要が生まれてしまった。

これで「排ガス対策をまじめにやっていない」との批判はさらに強まる。今度は英二と副社長の花井正八（故人）が連れだって、通商産業省（現経済産業省）に陳謝に向かう羽目になる。

深々と頭を下げる英二らに、大臣の河本敏夫（故人）は「旧型車の生産を早急に減らしてください」と厳重注意する。英二は「反省しています」と、釈明の言葉もなかった。

トップに恥をかかせたトヨタ技術陣は巻き返しを誓う。鍵を握っていたのは、エンジンとマフラーの間で排ガスを浄化する「触媒」という装置だった。

「CVCCでは次の規制を乗り切れない。触媒に注力しろ」

当時五十代の排ガス対策の総責任者、松本清（92）＝元副社長＝は現場に号令をかけた。

CVCCには弱点があった。大気汚染物質のうち、一酸化炭素（CO）と炭化水素（HC）の発生は抑えられるが、光化学スモッグの主因である窒素酸化物（NOx）削減は苦手で、触媒に頼るしかなかった。

そのころ、ドイツの部品大手ボッシュが「三元触媒」という技術の実用化を明らかにしている。この触媒だけでＣＯ、ＨＣ、ＮＯｘのいずれも減らせ「マスキー法をクリアできる」という触れ込みだった。トヨタは「救世主」として飛び付き、自主開発を目指す。

だが、すぐに壁にぶつかる。触媒が車の激しい振動や排熱に耐えられない。

トヨタ東富士研究所の新米係長だった八重樫武久（71）は失敗作の山を築いたのを覚えている。触媒装置には粒状のセラミックスが詰まっているが、「耐久テストのたびにぼろぼろに溶けてしまった」と振り返る。

視察に訪れた国会議員に触媒の難しさを説明すると、「失敗作を並べて見せてくれ」と命じられ、「悔しさで気を病みそうな日々だった」と語る。

それでも英二の反転攻勢への決意は固く、技術陣を叱咤《しった》した。

「最初の規制対策車は他社よりも遅れた。次の対策車は、他社よりも早く出しなさい」

メモ　**触媒**　触れた物質を化学反応で別の物質に変える作用があるもので、白金が代表例。自動車では粒状などのセラミックスに白金をまぶして箱に詰め、エンジンとマフラーの間に取り付け排ガス浄化に使う。「三元触媒」は、排ガス中の一酸化炭素（ＣＯ）、炭化水素（ＨＣ）、窒素酸化物（ＮＯｘ）の有害物質三つを同時に酸化・還元し、二酸化炭素（CO_2）、水（H_2O）、窒素（N_2）に変えて無害化する。燃焼する空気とガソリンが混じる比率を一定に保たないと機能しないが、デンソーと豊田中央研究所が燃料噴射の電子制御装置と酸素センサーを開発し、解決した。

4 結実　3代目カローラ

報道陣が新車のボンネットを開けると、エンジンルームはすき間だらけだった。

「すかすかですね」「エンジンが小さく見えますが」

一九七四（昭和四十九）年四月、トヨタを代表する大衆車「カローラ」三代目の記者発表で、当時四十八歳だった開発担当主査、佐々木紫郎（88）＝元副社長＝は、記者たちから冷やかされたのを覚えている。

だが、そのすき間だらけのエンジンルームにこそ、佐々木がこの車にかける思いが詰まっていた。トヨタが当時、開発中の最新鋭の排ガス対策の技術「三元触媒」の搭載を想定し、関連部品に必要なスペースを空けておいたのだった。

佐々木は三代目カローラ開発に当たり、「江戸幕府三代将軍、家光を研究した」という。幕府を盤石にした将軍のように、自分のカローラでトヨタの抱える課題を解決して、大衆車の基盤を固めようと意気込んでいた。

当時のトヨタは、米マスキー法を基に日本で実施された「七五年度排ガス規制」の対応に四苦八苦。そのうえ、さらに厳しい「七八年度規制」を見据えた開発を強いられていた。社長の豊田英二は「他社より先に新規制の対応車を出せ」と言い渡した。

新規制がクリアできるかは、窒素酸化物（ＮＯｘ）など三つの汚染物質を同時に浄化できる三元触媒の開発にかかっていた。

ただ、エンジンで燃やすガソリンと空気の比率は常に一定に保っておかないとこの触媒は機能しない。あまりの敏感さに、触媒開発は何度も失敗を重ねる。技術陣は酸素濃度を測るセンサーと、正確な燃料噴射技術を磨き、克服しようとする。

開発は新規制の実施をにらみ時間との闘いとなり、グループ企業の力も借りる。デンソーにセンサー専用の生産ラインを造ってもらい試作を重ね、豊田中央研究所に解析を依頼する。

佐々木はこのころ、排ガス対策の総責任者だった松本清が本社内で目をはらしながら歩いていたのを覚えている。「ろくに眠れない毎日だったんだろう」と、先輩技術者を思いやった。

三元触媒は七七年六月、「クラウン」など三車種に初めて搭載された。「七八

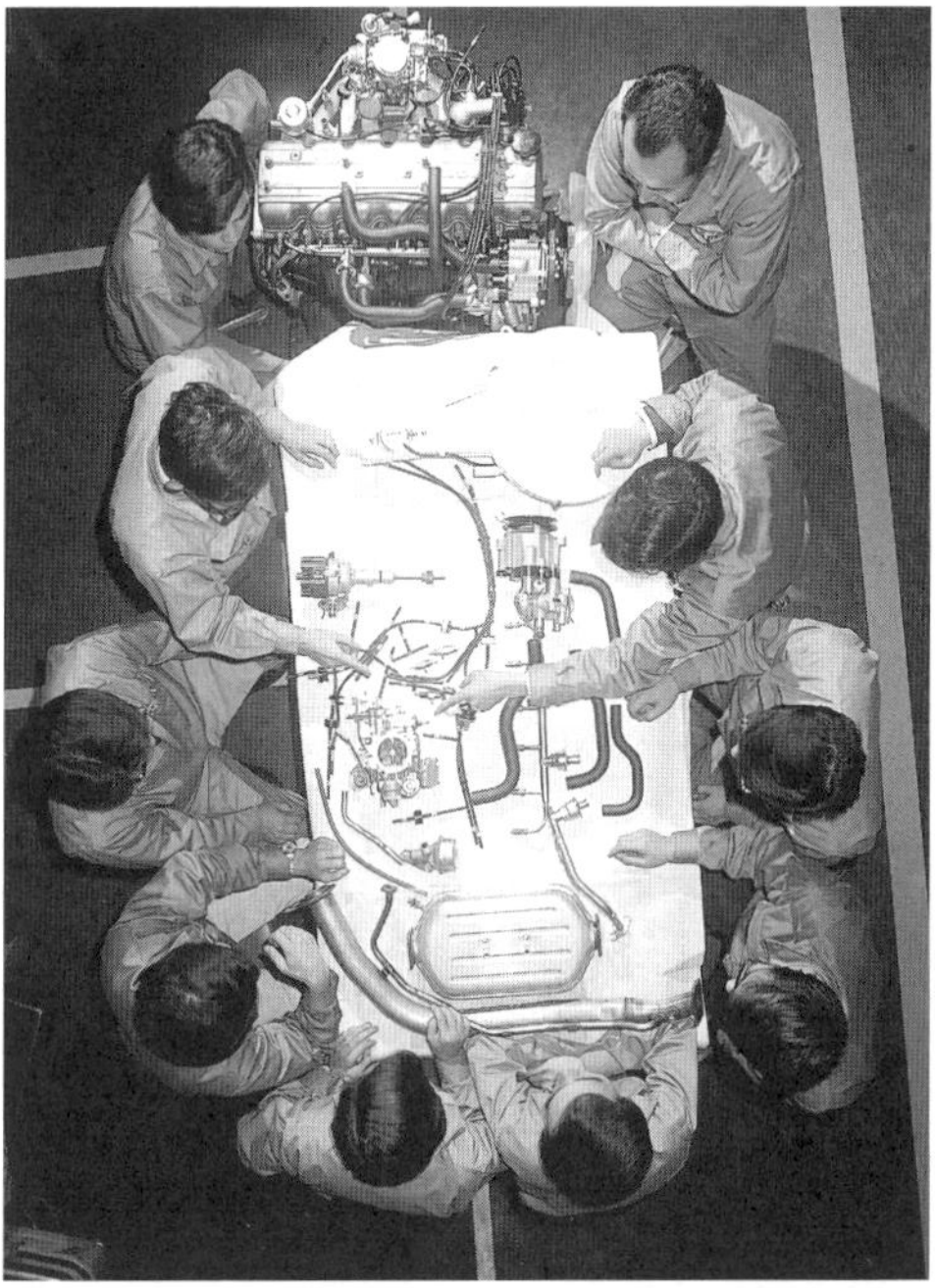

触媒の装置（六角形の箱）やエンジンなど、排ガス浄化の仕組みを協議するトヨタ自動車の技術者たち＝愛知県豊田市の本社で（同社提供）

年度規制対策車」の一番乗りではなかったが、日産自動車とホンダには先行した。松本は後に、「新規制に間に合わなかったら、腹を切る覚悟だった」と佐々木に明かしている。

その間、カローラのエンジンの改良も進み、燃費性能は約一割、向上していた。七八年四月、ついにカローラに三元触媒が載せられる。佐々木が空けておいたスペースに、関連部品の酸素センサーや燃料噴射装置がすっぽりと収まった。

「単なる商品でなく、世の中に役立つものを造っているんだ」。佐々木は最も売れる車で排ガス対策と低燃費を両立させ、車造りのやりがいと責任を実感した。

「走るほどにお得」。七八年度規制をクリアし、一部改良されたカローラを、販売店は大々的にＰＲした。三代目カローラは二度の石油ショックを経た海外でも高い評価を得る。累計生産台数は空前の三百七十五万台に達し、独フォルクスワーゲン（ＶＷ）のビートルをしのぐ「世界のベストセラーカー」となっていった。

トヨタ博物館に所蔵されている３代目カローラ

5 21世紀へ「密議」始まる

「G21」。暗号めいた名前の会議が、トヨタ本社の使われていない役員用会議室で開かれていた。「赤いじゅうたんの部屋で密議をしている連中がいる」と、社内でうわさになる。

集まっていたのは三十代中心の若手技術者ら十人。「大きさはカローラと同じくらいで」「外形はできるだけ小さく、中身は広く」。技術者たちは「二十一世紀の車造り」を具体的に煮詰めようとしていた。

会議は、バブル景気がはじけた後の一九九三年秋に始まった。トヨタは八〇年代後半、好景気に乗って高級車や大型車を開発し販売を拡大したが、九〇年代に入ると一転。円高も重なり、現場の話題はコスト削減と残業規制ばかりになった。

「これじゃ技術者の士気も上がらず、新車開発もままならない」

技術担当副社長となっていた金原淑郎はこのころ、役員室に駆け込んできた新車企画の部長から、意見されたのを覚えている。

名誉会長となっていた豊田英二も、社内の萎縮ムードを心配していた。「二十一世紀に成り立つ車造りを今からやるべきじゃないのか」と周囲に漏らし、現場の意欲を後押ししようとしていた。

金原自身も七〇年代の排ガス規制を乗り越えた技術者。車造りの指針が失われていると感じていた。

「そうだな、新しいプロジェクトを起こそうか」。立ち上げたのがG21だった。

過去の車にとらわれることなく、車の造り方を一から見直し、次世代車の構想を練る。Gは「グローバル（global＝世界的）の頭文字」などと社内には諸説があるが、金原はこう由来を明かす。

「私の名字の最初の文字を英語（ゴールド＝gold）にして、頭文字を取っただけだ」

前年六月、ブラジルのリオデジャネイロで地球サミットが開かれ、持続可能社会を目指す「リオ宣言」が採択された。地球環境問題は世界的なムードとして盛り上がる。

この動きに、G21でも「環境」が最優先のテーマに挙がる。「画期的な低燃費」を目指し、ガソリン一リットル当たりの燃費目標を、当時のカローラの一・五倍の二十キロに置いた。

G21の骨子が固まると、金原は社に正式なプロジェクトとして認めてもらうため、役員会に示した。

バブル崩壊後の新車発表で「いまは知恵をためる時」と語るトヨタ自動車会長の豊田英二（右）＝1992年2月、名古屋市で

真っ先に賛成したのは英二だった。

「こういうプロジェクトをやれる人は幸せ者だ。もっと若ければ私がやりたいぐらいだ」

最大の理解者を得て本格的に動きだす。開発の全権を担う責任者に、技術管理部にいた四十七歳の内山田竹志（現トヨタ会長）が選ばれる。

内山田は振動や騒音を抑える実験畑が長く、新車開発の経験はなかった。だが当時の上司、加藤伸一（77）＝後に副社長＝は「人を動かす力があり、ほかに思い当たらなかった」と振り返る。

突然の指名に内山田は戸惑う。だが父は三代目「クラウン」の主査で、「いつかは自分も」と実車開発を夢見て入社した。「誰もやったことのない車を造る」と思いをたぎらせた。

この「赤いじゅうたんの部屋」から、世界初の量産ハイブリッド車「プリウス」が生まれることになる。ただこのとき、内山田を含めだれ一人、これからどんな車を造り、どんな試練が待っているのか、想像がついていなかった。

6「燃費2倍にせい」

「二十一世紀の環境課題に応える車だろ。燃費は二倍にせい」

「技術の天皇」と呼ばれた新任のトヨタ副社長、和田明広（現アイシン精機顧問・技監）は一九九四年秋、次世代車の開発に取り組む「G21」リーダー、内山田竹志に活を入れる。当初目標だった「燃費はカローラの一・五倍」は、この一声で引き上げられた。

和田は当時六十歳で、G21を立ち上げた前副社長、金原淑郎の後任。初代「クラウン」を開発した中村健也（故人）の薫陶を受け、「コロナ」「セリカ」「カリーナ」といった主力車種の開発を指揮している。

実車開発の経験がない四十八歳の内山田が「無理です」と抵抗したところで、聞き入れてくれる相手ではなかった。

「いつ車を出すか分からないプロジェクトは気が緩む。ふんどしを締めて、量産に向かわせようと思った」。和田は当時の判断を振り返る。

内山田らが「カローラの燃費一・五倍」実現に実験レベルでめどを立てていたことは報告を受けて知っていた。だが和田は経験上、量産化では「燃費二倍を目指して、ようやく一・五倍にできる」と見切っていた。「もっと何かないか、調べろ」と内山田を突き放す。

1995 年の東京モーターショーで、トヨタ自動車が公開したハイブリッド車の試作車＝千葉市の幕張メッセで

「燃費二倍」は、車体軽量化や燃料噴射技術では対応できない。和田の念頭にあったのは、エンジンに電気モーターの動力を組み合わせて燃費性能を高めるハイブリッド車（ＨＶ）だった。

トヨタのハイブリッド開発の歴史は長い。和田の師匠である中村健也は六八年から、東富士研究所でガソリン以外のエンジン開発を目指し、ガスで動くエンジンにモーターを組み合わせる研究を始めた。和田が編集した追悼集「主査　中村健也」によると、中村は「将来の車はハイブリッドでなければならない」と、当時からその潜在能力に注目していた。

元副社長で内山田の上司だった加藤伸一は八二年、東富士研究所でガスで動くハイブリッド車「トヨタスポーツ８００」に乗っている。その後、電池の耐久性や軽量化が進まず研究は中断されたが、加藤は「中村さんは先見性があった」と語る。

この技術をガソリンエンジンに転用すれば燃費が伸びるのは、内山田も知っていた。九五年の東京モーターショーに、ガソリンエンジンのハイブリッド車試作車の出展も予定していた。試作車はラテン語で「先駆け」を意味する「プリウス」と名付け、その後の量産モデルの車名にもなる。

だが実用化のためにはエンジン、電池、発電機、モーターといった主力部品を緻密にコンピューター制御する技術が必要だった。内山田は当時の技術水準を「未完成でコストも高く、実用化の可能性を捨てた技術だった」と振り返る。

なかなかハイブリッドに踏み切らない内山田に、和田は最後通告をする。「燃費二倍ができないなら車を出す価値はない。ほかのやつにやらせてもいいんだぞ」。内山田は「分かりました」と応じるしかなかった。

九五年六月、和田も出席する技術部門の幹部会議で、内山田はハイブリッド車量産化を諮る。質問攻めを覚悟していたが、量産化はすんなりと認められる。「二十一世紀初めに間に合わせよう」と、発売時期まで九九年末と決まってしまう。

この段階で試作車は一台も実走していない。「みんなハイブリッドの中身を理解していない」。内山田は一抹の不安を感じていた。

メモ　ハイブリッド車（ＨＶ）　ハイブリッドは「混合」「交配」を意味し、車ではエンジンと電気モーターの組み合わせが一般的。フォルクスワーゲン・ビートルなどの開発で有名なポルシェ博士が１９００年ごろ、エンジンを発電機としてモーターで走らせた電気自動車が原型とされる。ドイツや米国で研究が進むが、油田開発によりガソリンエンジン全盛期となり研究が滞っていく。

7　動かぬ車　発売は前倒し

東京モーターショーの舞台を飾ったトヨタのハイブリッド車試作車は、テストコースに持ち込まれた。技術者が期待を込めて鍵を回す。しかし電源は入らず、エンジンもかからない。

一九九五年十一月に始まった実走テスト。車の座席下に巨大な電池が積み込まれ、後部座席は電子回路をびっしりとはんだ付けした板が占拠する。

複雑な配線に、相次ぐ電子部品の不具合。「どこからどう直したらいいのか、めちゃくちゃになったパズルを組み直すような作業だった」。三十代の技術者だった現常務役員の小木曽聡は、車を囲んで考え込んだ日々を思い出す。

テストが始まって四十日目。冷え込んだコースに歓声が上がる。「やった、ついに動いた」。トヨタ史に残るガソリンエンジンのハイブリッド車が初めて実走した瞬間だが、五百メートル先で止まってしまった。

ハイブリッドシステム開発を束ねていた当時五十五歳の藤井雄一に、技術担当副社長の和田明広から電話が入ったのはこのころだった。

「量産開始が二年後に決まったぞ」と和田は告げる。前倒しの通告だった。藤井は「まだ車は動いてませんよ」と答えるが、和田は「分かっとる」と言って電話を切った。

トヨタ自動車社長への就任が決まり、記者会見する奥田碩（左）と、会長の豊田章一郎＝ 1995 年 8 月、名古屋市で

前倒しは二度目だった。この年八月、副社長の奥田碩《ひろし》（現相談役）が社長に昇格する。経営にスピードを求める奥田は就任早々、当初の「九九年末発売」を一年前倒しする。

さらに十二月、会長の豊田章一郎（現名誉会長）と奥田が出席し、商品化を最終決定する「開発機能会議」が開かれる。そこで奥田が「一年前倒ししても遅い」と主張した。

これを豊田が後押しする。「トヨタはいつも二番手だ。良いものは早く造れ」。七〇年代の排ガス規制対策の出遅れが念頭にあったのは明らかだった。

当時、ドイツ大手フォルクスワーゲンがハイブリッド車開発に動いているとの情報がトヨタに入っている。発売時期は両トップの判断で「九七年末」となった。

ハイブリッド車開発を任されていた「G21」はこのとき、低燃費ガソリンエンジンの研究も進めていたが、豊田はリーダーの内山田竹志に「ハイブリッド一本化」を指示する。

「君たちは両方やっていると、ガソリンエンジンに逃げるだろう」

内山田は「トップは覚悟を決めた。自分も退路を断たれた」と悟る。

ハイブリッド車開発に追い立てられるG21は「クレージープロジェクト」と呼ばれるようになる。

東富士研究所の技術者だった八重樫武久は九六年三月、「助っ人」として本社に呼ばれ、その混乱ぶりを目の当たりにしている。

本社テストコースでは、電池から煙を噴いた試作車があちこちで止まっていた。八重樫自身、七〇年代に排ガス浄化の触媒開発で苦労した経験があるが、惨状は予想を超えていた。

「燃費どうこう以前の問題だ」。八重樫は担当役員と部長に、危機を直訴しようと決意する。

8　一枚の文書　開発に刺激

「緊急事態宣言」。一九九六年夏、刺激的なタイトルの文書がトヨタの技術系役員や部長らに配られる。「電池、モーターの特性がつかみきれていない」「異常な電圧低下が多発している」

Ａ４判一枚の文書はハイブリッド車開発の問題を赤裸々に列挙し、「開発期間短縮の方策が何ら採られていない」と社の体制不備も厳しく指摘した。

文書を作ったのは、東富士研究所から本社に助っ人として異動していた当時五十二歳の八重樫武久。本社テストコースで煙を噴いていた試作車を目の当たりにし、まず一つ年上で技術担当取締役になった渡辺浩之に直訴する。

八重樫は新幹線のグリーン車に乗り込み、偶然を装って渡辺をつかまえる。「今、体制を変えないとハイブリッド開発は終わってしまう」と、人の補充や組織強化などの説得を始める。八重樫の熱心さに、渡辺は「わかった、おまえの言う通りに動く」と応じる。

渡辺は現場の要望に耳を傾ける場として、開発責任者の内山田竹志や八重樫らと週一回、戦略会議を開く。文書で組織が大きく変わったわけではないが、社内のハイブリッド車開発への関心は高まった。他の車種を担当する技術者たちも内山田を手助けする。

首脳陣も知恵を出す。電池部門を率いていた藤井雄一は、巨大な高電圧電池を置く位置で、副社長の和田明広から助言を受けている。

重さ七十五キロ、幅約一メートル、奥行きと高さが五十センチほどある。試作車では、車内空間のじゃまにならないように後部座席下に積んでいたが、エンジンからの排気管が近くを通るため、すぐに熱を持ってしまう。和田に尋ねると「そんなもん、トランクに置け」。荷物が載りにくくなるが、迷いはない。「だいたい床下では電池がすぐに水浸しになって放電する。車として用をなさないだろ」

このころ八重樫は、試作車が始動や停止のたびに「激しくゆさゆさ揺れた」のを覚えている。エンジンとモーターがスムーズにかみ合わず、回転力が急激に上下して衝撃が起きる。変速装置に無理な力がかかり、軸が折れることもあった。

これに対しエンジン部門は、クラウン向けに開発した最新技術を提案する。エンジンにかかる負荷に応じてコ

初代プリウスに搭載された巨大な電池（右手前）＝名古屋市のトヨタ産業技術記念館で

ンピューター制御で吸気を細かく変え、エンジンの動きを調節する技術だった。これを応用すれば、エンジンの側でモーターの動きに柔軟に対応し、揺れを抑えられるめどが立つ。

ただ、「カローラの二倍」という燃費目標は遠い。ガソリン一リットル当たり三十キロを達成しなくてはならないが、九六年暮れの段階で試作車が出した数字は二十キロそこそこだった。

経営陣が「年末には販売開始」と設定した九七年を迎えた。社長の奥田碩は三月、報道陣に「ハイブリッド車を年内に出す」と公言する。

八重樫ら技術陣は、エンジンとモーターの改良や車両の軽量化で、計算上「燃費二十八キロなら可能」と、目標に近い数字をはじき出していた。運輸省（現国土交通省）の認証試験に向け一キロずつ燃費を積み上げていくが、電池の重さで車両軽量化はままならず、モーターも思ったほど力が出ない。まだ電気に変えられるエネルギーはあるはず。技術陣はブレーキ技術に最後のひと押しを期待する。

9「けちる技」で燃費達成

自転車のライトは、ペダルをこぐのをやめても、惰性で回る車輪の動きで点灯し続ける。

この原理こそ、トヨタのハイブリッド車開発チームが一九九七年末の発売に向け、突き詰めていた燃費向上の最後の秘策だった。

減速時のタイヤの回転で発電機を回し、その抵抗力をブレーキとして使う。できた電気は蓄電し、加速時にモーターを回し、エンジンの使用を抑えて燃費を稼ぐ。「回生ブレーキ」と呼ばれる技術だった。

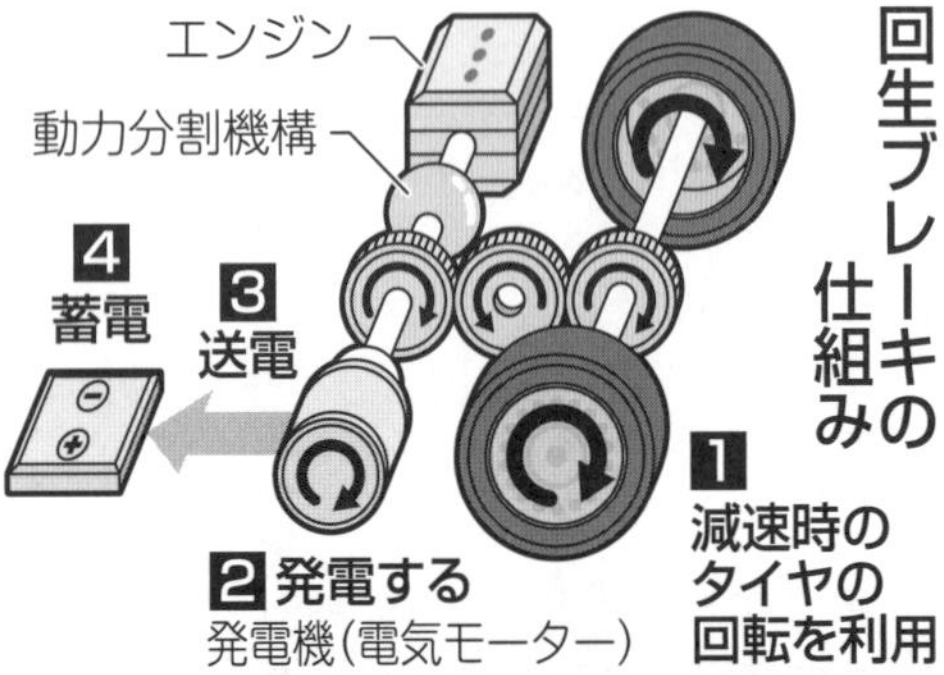

開発責任者の内山田竹志は後に、「ハイブリッドは、けちる技術の集大成」と語っている。回生ブレーキこそ、どんなエネルギーも回収しようとする「けち」の真骨頂といえた。

発売まで一年を切っていた。内山田を支えていた

発表直後の「プリウス」を東京モーターショーで披露するトヨタ社長の奥田碩（中央左）＝1997年10月、千葉市の幕張メッセで

技術者の八重樫武久は、ブレーキ担当者に「無理難題」をお願いする。

従来の油圧ブレーキに回生ブレーキを組み合わせるが、八重樫の狙いは回生ブレーキを優先し、最大限の発電をすること。「油圧ブレーキが利くタイミングをぎりぎりまで遅らせてほしい」と頼む。

生死にかかわる部分だけに間違いは許されない。ブレーキ部門だけでなくハイブリッドシステム、エンジン、駆動系の専門家たちが知恵を寄せ合っていく。

そのころ悲劇が起きる。一月二十四日夕、八重樫の出身母体である静岡県裾野市の東富士研究所から、愛知県豊田市のトヨタ元町工場に向かっていた社有ヘリが、岡崎市の山中に墜落する。

ハイブリッドシステムのエンジン調整を担当していた三十七歳の技術者、二宮正仁が死亡した。八重樫は「エンジン部門はしばらく立ち直れない」と悲観するが、同僚たちは「亡くなった二宮のためにも、すぐに動きます」と発奮した。

九七年八月、運輸省の認証試験を受ける。その直前に量産モデルのテスト車両が完成し、技術担当副社長の和田明広が乗り込んだ。

少しブレーキを踏み込むとガクンと止まる。回生ブレーキの不自然さだった。「何とかならんか」と和田は注文を付けるが、「直すと燃費が悪くなります」と技術陣に反論され、目をつぶる。改善されるのは発売後のことだった。

運輸省の認証試験本番では、ガソリン一リットル当たりの燃費二十八キロを記録した。当初目標だった「カローラの二倍」の三十キロにやや及ばないが、和田は「本当に燃費のいい車になった」と素直に喜んだ。

「21世紀に間に合いました」

世界初の量産ハイブリッド車はこの宣伝文句で、十二月十日の発売が決まる。車名は二年前の東京モーターショーの試作車と同じ「プリウス」となった。

東京で十月に開かれた発表会で、社長の奥田碩が展示車の運転席に乗り込みカメラにポーズを取る。その会場で八重樫は、当時八十四歳の名誉会長、豊田英二が車いすで現れたのを見つける。「ずっと商品化を心配していたが、会場ではうれしそうにスタッフに声をかけていた」と思い出す。

「あまりに苦しい開発だった」。トヨタ会長となった内山田は初代プリウスを振り返る。開発に携わった技術者は総勢約千人。当時、若手だった技術者が今日の燃料電池車開発を引っ張る。難産の開発が、新たな技術革新につながっている実感が、内山田にはある。

メモ　**プリウス**　トヨタがハイブリッド車（ＨＶ）専用車として開発した車。世界初の量産ＨＶとなった初代（１９９７年12月～２００３年８月）の国内外の販売は12万台。２代目（03年９月～11年12月）は１１９万台を販売する大ヒットとなり、現行の３代目（09年５月～）は14年11月末に２００万台を突破した。ガソリン１リットル当たり燃費は初代の28キロ（旧燃費基準）に対し、３代目は38キロ（同）。15年末発売を目指す４代目で、旧基準より厳しい新燃費基準で初の40キロ超を目標にする。

10 先人の知恵　ミライへ

ハリウッドの人気俳優たちが、米映画界最高峰のアカデミー賞発表会場に「プリウス」で乗り付ける。デザインを一新したトヨタハイブリッド車の二代目は世界的大ヒットとなり、プリウスは「エコカー」の代名詞となる。

その二代目を発売した二〇〇三年、トヨタは環境技術開発をさらに加速させようと、本社工場の一角に電動車両開発棟を新築する。プリウスを擁するハイブリッド車開発陣は六階に陣取った。

真下の五階に「究極のエコカー」開発を目指す集団も入居した。十一年後、ここが世界初の量産燃料電池車「ミライ」を送り出すことになる。

「上の階がコストダウンの先生だった」と、ＦＣ（燃料電池）技術・開発部主査の木崎幹士（55）は振り返る。かつて「一億円」と言われた燃料電池車の価格が十分の一以下になったのは、「ハイブリッド部品の流用が大きい」と明かす。

ミライは主力部品のモーターや蓄電池、出力制御装置を、高級ブランド「レクサス」のＲＸや「カムリ」のハイブリッド車と共有する。

当初、ミライ開発陣には「専用部品にこだわるべきだ」との意見が強く、議論は一年以上も続いた。

ただ、量産車を目指すのに非現実的な価格設定は許されない。最後は「商品にできてこその技術だ」とプライドをのみ込む。

　木崎らは、トヨタ以外のハイブリッド部品も調べたが「うちの部品は軽くて小さく、性能に対して圧倒的に安かった」と認める。長く市場の洗礼を受けてきたハイブリッド開発陣に頭が下がった。

　新開発の燃料電池は、作り方で価格を下げるしかない。木崎は、製造準備を担う生産技術部門との協力に望みを託す。

　車両や部品を開発する技術部門と、生産設備やラインを設計する生産技術部門では立場も見方も違う。

　トヨタでは、両拠点の建物が国道を挟んで立っており心理的な壁は高かった。燃料電池車開発で両部門が初めて、同じフロアで間仕切りなく机を並べることになった。

　燃料電池車には、これまでの車にない部材や工程

燃料電池車「ミライ」を見守るトヨタ自動車創業者、豊田喜一郎のパネル
＝名古屋市のトヨタ産業技術記念館で

が多い。それをいかに速く正確に処理できるかがコスト削減の決め手となる。生産技術部門は木崎らに遠慮なく注文を出す。

「この電池の部材設計じゃ、作れない」。技術部門は「そこまで設計に口を出すのか」と反発しながらも、妥協案を探る。フロア中央の楕円《だえん》形の机でせめぎ合い、試作や実験のやり直しも進んでいく。「新しい車を造るのに、新しい仕事のやり方が生まれた」と、生産技術部門の電池・FC生技部長、内山浩光（54）は両者の協業を喜んだ。

一四年十一月、本社工場で燃料電池の出荷式が開かれる。内山はあいさつで「由緒ある場所に量産ラインを引かせてもらった」と述べた。ラインのすぐ横にある、一本の古い鉄柱のことを指していた。創業者の豊田喜一郎自らが設計に携わり、トヨタが初めて建てた挙母工場時代から残る柱の一本だった。

工場は何度か改築され、柱がどの時代のものか見分けがつかないが、内山の部下は創業期の柱の位置を調べていた。内山はその一本に見守られるように、ラインの位置を決めた。

「創業の地で造る」。新しい挑戦をする車に、喜一郎以来の伝統を吹き込む計らいだった。

11 脱石油へ　挑戦は続く

飛来した米軍機三機を、大勢の日本人が星条旗を振って迎える。一九二四（大正十三）年初夏、初の飛行機による世界一周を目指す米陸軍航空隊が茨城県の霞ケ浦に到着し、中国・上海にも立ち寄った。

トヨタグループ創始者の豊田佐吉は当時、上海で紡織工場を営んでいた。太平洋を越えてきた米軍機は、佐吉の目には国力を見せつけているように映り、手放しで喜ぶ気になれなかった。

このころ米国では、第一次世界大戦後に中国での勢力拡大を狙う日本への警戒感が高まっていた。日本人移民だけを排除する「排日移民法」も成立し、日米関係は悪化し始めている。

その米国からの資源輸入に頼るばかりでいいのか。佐吉は、長男で後にトヨタ創業者となる喜一郎にこう説いている。

「何とか経済的に諸外国に打ち勝つことを考えなければ。そのためには日本に豊富な水力で発電して蓄電し、利用しなくてはいけない」

翌二五年、佐吉は高性能蓄電器の発明を募るため、帝国発明協会（現在の発明協会）に懸賞金百万円の提供を申し出る。新入社員の初任給が七十五円の時代、破格の提示だった。

「蓄電池を飛行機に載せて飛ばす」

募集の狙いを、おいの豊田英二は佐吉本人からそう聞いた。ガソリンがなくても米国並みに飛行機を飛ばす意気込みだった。英二がトヨタ名誉会長だった九五年、対談で明かしている。

それだけに佐吉が求めた性能は懸賞金と同様、途方もない水準だった。

「二〇〇馬力で三十六時間運転を持続し、重さは六十貫（二百二十五キロ）、容積十立方尺（二百七十八リットル）以内」

初代プリウス開発に携わった八重樫武久によると、このエネルギー量は最新の電気自動車で使う電池の百倍以上で、サイズもエネルギー量に比べ格段に小さい。「軽量飛行機で太平洋横断を想定していたのか」と八重樫は言う。

協会はこの条件を「大変、困難」と判断して募集に至らず、佐吉から五十万円の寄付を受け、協会内に蓄電池研究所を設置した。「佐吉電池」は現代の技

1924年、初の世界一周飛行を達成した米陸軍航空隊の一機「シカゴ」号
＝米ワシントンのスミソニアン航空宇宙博物館で（斉場保伸撮影）

術でも達成の見込みは立っていない。

佐吉が心配したエネルギー不足は、日中戦争、太平洋戦争へと進む戦況悪化で現実のものとなる。トヨタを創業した喜一郎は三九年、東京・芝浦で蓄電池を作り始め、「燃料国策の立場から」電気自動車開発も指示する。

終戦直後まで電気自動車を造るが、朝鮮戦争による特需が起き、連合国軍総司令部（GHQ）がガソリンを大量放出すると、電気自動車は姿を消す。

その後、トヨタは九〇年代後半からハイブリッド車を軸に電気技術の実用を本格化し、二〇一四年十一月に燃料電池車「ミライ」を発表する。技術担当副社長の加藤光久（61）はその意義を「石油エネルギーに依存しない水素社会の先導役」と強調した。

トヨタ経営陣は、燃料電池車開発で議論が行き詰まっても、最後は一つの信念にまとまっていった。「石油価格は資源国の思惑で決まり、資源のない国は翻弄《ほんろう》されてきた。それでいいのか」。佐吉が抱いた危機感とそっくり重なる。

燃料電池車は終着点ではない。「佐吉電池」は今もトヨタ東富士研究所で開発目標にされている。電気がガソリンに取って代わる日まで、研究は続く。

番外編

ＨＶ　今後も主流に
和田明広氏に聞く

トヨタ自動車は一九九七年末、世界に先駆けて量販型のハイブリッド車（ＨＶ）「プリウス」を開発した。当時「技術の天皇」と呼ばれ、副社長として開発をけん引した和田明広氏（81）＝現アイシン精機顧問・技監＝は「開発陣には無理を言った」と労をねぎらいつつ、「エコカーの主導権は今後もしばらくハイブリッドが握る」と自信をみせた。

（聞き手・平井良信）

―副社長に就任して早々に、「燃費性能をカローラの二倍に」と指示を出した。

「『二十一世紀の車』という触れ込みだったから、『広い』『軽い』だけではいけない。そのころ東富士研究所でハイブリッド研究をやっており、『これを使えば燃費が軽く50％は良くなります』と報告があった。そこで目標も画期的に『二倍にせい』と言った」

「私も知恵を出した。ハンドルを軽くするパワーステアリングも、作動するのにガソリンを食う。『燃費をよくするために走行中の作動はやめろ』と提案したことがあった」

―当初、開発責任者の内山田竹志氏（現トヨタ会長）は「二倍はできない」と反対したが。

「できないなら車は出さないよ、と言うだけだった。もうこのクラスの車は『コロナ』『カリーナ』『カローラ』とそろっていた。価値のない車を出しても仕方がない」

―プリウス開発当時、ハイブリッドは電気自動車などへの「過渡的な技術」と呼ばれた。

「ジャーナリストの大半は『つなぎ』だと言っていたが、私は長期間にわたり喜ばれる商品だと思っていた。何のことはない。今でもまだ増える勢いだ」

「燃料電池車は、水素ステーションのインフラも含めて普及にはまだ時間がかかる。電気自動車の普及も、電池の進歩次第だ。今後もしばらくハイブリッド車が主流だろう」

―初代プリウス開発で思い出深いのは。

「開発陣が『燃費性能が倍になったので、ガソリンタンクの容量を半分にしたい』と言ってきた。軽量化や材料費の削減につながるからだが、私は『何を言っている、そんなのはダメだ』と突っぱねた」

「お客さんが喜ぶのは、燃費が良くなって、給油の回数が減ることだ。これは発売後に大変評価された。東日本大震災で被災地はガソリン不足になったが、プリウスの給油回数の少なさは喜ばれた」

──開発陣に対する今の思いは。

「私自身、燃費二倍を達成できるとは考えていなかった。やはり無理を言ったと思っているし、みんな頑張ってくれた。初めは販売が月千台を超えるか心配していた。トヨタのハイブリッド車販売は七百万台を超えたが、ここまで伸びるとは思っておらず、後輩たちの努力には頭が下がる思いだ」

──二〇一五年には四代目プリウスも発売される。

「燃費改善にはまだまだ知恵が出せると思っている。いい車が出てくることを期待したい」

第七章

障子を開けてみよ

　創業以来、数々の難題を「お家芸」と呼ばれるコスト削減で乗り切ってきたトヨタ自動車。だが円高が進み、日米貿易摩擦も深刻化すると、本格的な海外生産にもかじを切っていく。「障子を開けてみよ、外は広いぞ」。グループ創始者、豊田佐吉の言葉をなぞるように、世界を相手に力をつけたトヨタの歩みを描く。

1「原価」喜一郎の教え

静まり返った大宴会場に、トヨタ自動車会長、豊田英二の声が響く。部品メーカー幹部約四百人はその言葉を書き漏らさぬよう、忙しく手を動かしていた。

トヨタ取引先でつくる二大組織「協豊会《きょうほう》」「栄豊会《えいほう》」合同大会が一九八七年一月十四日、名古屋城に臨むホテル「ナゴヤキャッスル」（名古屋市西区）で開かれていた。トヨタ創業五十周年の新年だったが、祝賀ムードはない。講演を頼まれた英二が選んだ演題は「原価との闘い」だった。

「原価低減は経理でなく、現場でやるものです」。ゆっくりとした口調で訴えていた英二は、話題を自らのいとこでもあるトヨタ創業者に向けた。

「ここに豊田喜一郎が書いたメモがございます」。会場の視線が、一斉に壇上の英二の手に注がれた。半世紀も前に、喜一郎が米国車を参考に車の原価設定を研究したメモだった。

このころ円の対ドル相場は、八五年の「プラザ合意」を機に、一年で一ドル＝二三〇円台から一六〇円台と約三割も高くなっていた。トヨタの輸出採算は悪化し、利益は前年の三分の二に縮小してしまう。

豊田喜一郎

部品メーカーを含め、原価を劇的に下げる必要があった。

トヨタ購買部次長だった安田善次（72）＝現トヨタ東日本名誉顧問＝は八六年暮れ、英二に講演を依頼するため会長室を訪ねたときのことを覚えている。英二は「こんなものが出てきたんだ」と言いながら、黄ばみが進んだ数枚の原稿用紙を安田に見せた。

それは喜一郎が「原価計算ト今後ノ予想」と題し、トヨタ創業の三七年ごろに書いたメモだった。万年筆による縦書きで文字や数字が並ぶ。中でも、「フォード」「シボレー」の米国車名が、安田の目をとらえた。

「フォードの日本の販売店への引き渡し価格は二千八百円だから、車の原価は

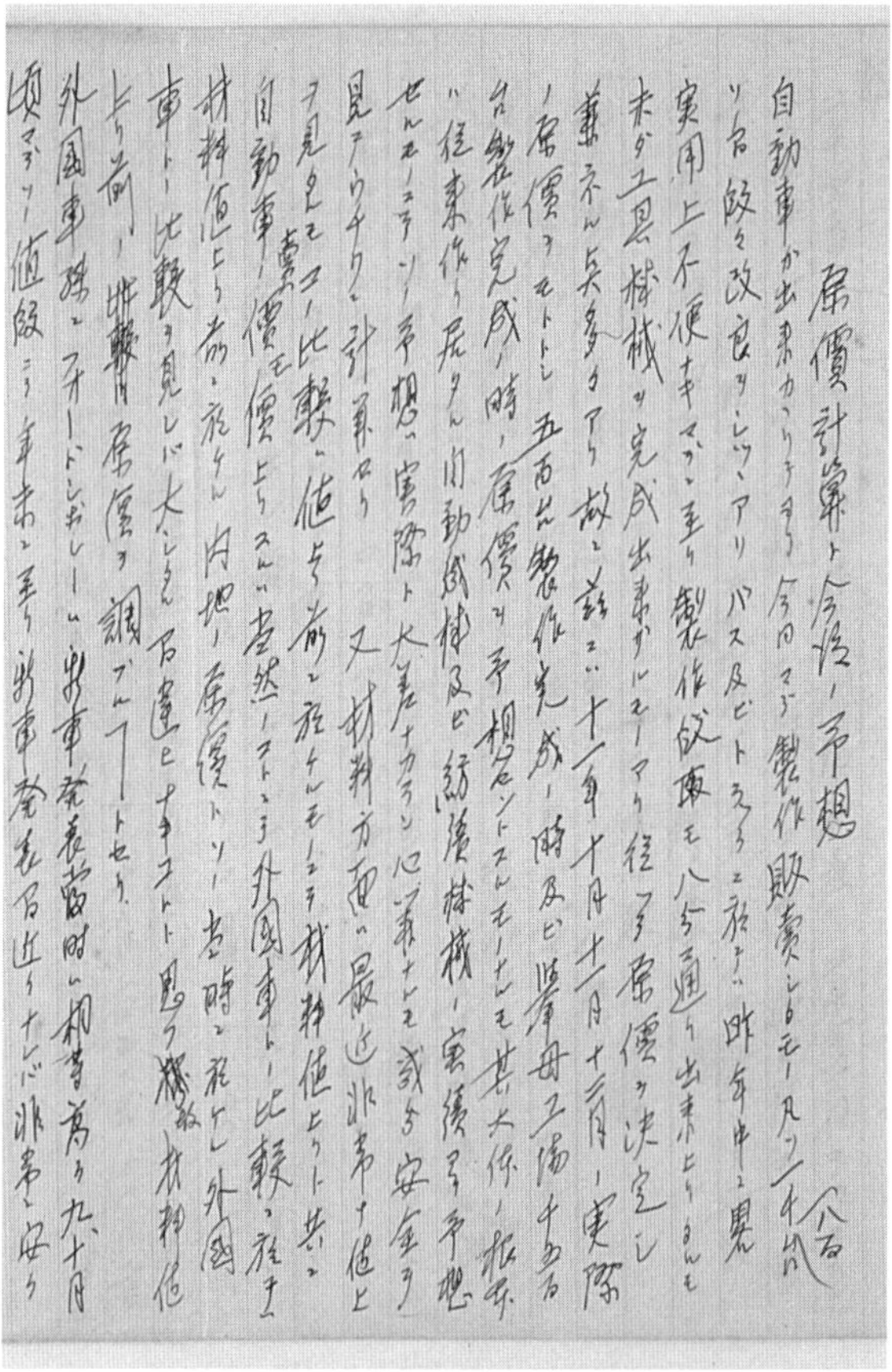
原價計算ト今後ノ予想

豊田喜一郎が創業期に書いたメモ「原価計算ト今後ノ予想」＝トヨタ自動車提供

二千四百円と思われる。ゆえに国産車の原価も二千四百円以内とする」

原価は、市場で売れる価格から逆算するべきだ、という考えだった。「工場では二千四百円で利益が出るよう、生産原価の引き下げに努力する」とし、車体やエンジンなど、部分ごとに米国車並みとなるコストを細かく割り出している。

コストを下げる方法として、部品メーカーを「自分の工場だと思え」と書き、取引先を含めて原価を下げる考えを既に示していた。

日本では自動車産業は夢だと考えられていた時代で、喜一郎もトヨタ初の「ＡＡ型乗用車」を造ったばかり。そのとき、世界最先端の米国に技術だけでなく、価格面でも対抗できる策を真剣に練っていた。

「喜一郎さんは東大出の技術屋さんと思っていたが、既にアメリカ相手にコストを考えていたとは」。安田は衝撃を受けた。

講演当日、英二は喜一郎の右腕として過ごした創業時の苦闘を振り返り、「まかり間違えれば裸になる覚悟だった」と力説した。

太平洋工業（岐阜県大垣市）の三十九歳の常務だった現社長、小川信也（67）は、講演に強い印象を受けた。当時、主力のタイヤ部品の半分以上を輸出し、円高で苦悩していた。小川は英二のメッセージをこう記憶している。

「技術開発はやって当然。しかし原価を下げられなければ、国際競争には勝ち残れない」

トヨタ創業期の精神が時空を超えてよみがえり、取引先に新たな指針を与えた。

2 石油危機　もみ殻も活用

稲がすっかり刈り取られた初冬の田園地帯を、トヨタの工場トラックが走る。大きなビニール袋を持った工員が降り、農家の庭先で声をかける。

「すみません、米のもみ殻を分けてください」

一九七三年、トヨタ上郷工場に勤めていた当時二十六歳の本田昭二（67）＝愛知県豊田市＝は、工場周辺の豊田市郊外の訪問先で「なぜトヨタでもみ殻が必要なのと不思議がられた」と思い出す。

このころ、第一次石油ショックのあおりで物価が高騰し、日本中がパニックに陥っていた。特に燃料代や、政府による電気の節減指導は工場には大きな痛手となっている。もみ殻は、電力を節約する秘策だった。

上郷工場では、鉄を電炉で高温にして軟らかくし、部品に加工していた。大量のもみ殻を高温の鉄にかぶせれば、少ない電力で保温できるというアイデアだ。

晩秋の田んぼで、もみ殻の山から煙が上がるのは、工場周辺ではおなじみの風景。「もみ殻は炎が出ず、長時間、くすぶり続けるだけ。そこが注目された」と本田は振り返る。

もみ殻は現場の発案だった。トヨタには、米フォード・モーターを参考に五一年につくられた「創意くふう提案制度」がある。社史「トヨタのあゆみ」によると、石油ショックに伴って紙や油、電力などの削減案を特別募集し、七千件を超える案が集まった。

とはいえ、現場の努力だけでカバーできるほど、石油ショックの打撃は甘くはない。六六年の「カローラ」発表以来、大衆車ブームの勢いに乗っていたトヨタだが、わずか半年で営業利益が三百億円以上減ってしまう。

取締役経理部長だった岩崎正視（89）＝元副会長＝は、あまりの経営環境の変化に「損益予想を出すのに苦労した」と思い出す。

「右肩上がりの計算には慣れていたが、条件が激変した時は弱かった」。岩崎が月ごとの決算を経営陣に説明すると、ある役員から「会社をつぶすなよ」と声をかけられ、緊張した。

コスト上昇に苦しむ自動車メーカー各社はトヨタを含め一斉値上げに踏み切る。すると車は売れ

第１次石油ショックがあった1974年ごろ、生産現場で省エネルギー活動を話し合うトヨタ従業員ら＝愛知県豊田市で

なくなり、減産が進むという悪循環に陥っていった。

そんな中、市場予測を担当するトヨタ業務部調査課は「車の需要はすぐV字回復する」と、異例の強気の見通しを示す。

当時、調査を担当した杉本祥郎（64）は、「狂乱物価」に伴い労働組合が賃上げを要求し、主要企業の平均賃上げ率が三割に上っていることに着目。「実質的な購買力は、どう見ても強くなっている」と、自信を深めたのを覚えている。

社長の豊田英二はこの見立てを基に七四年春、「増産、増販」にかじを切る。「日本中が火が消えたように元気をなくしていたが、誰かが冒険しなければ、前に進まない」と、攻勢に転じた心境を社史に記している。

販売台数はみるみるうちに回復した。読みが当たったトヨタはいち早く苦境から脱する。

メモ　**第1次石油ショック**　1973年10月の第4次中東戦争を機に、アラブ産油国が原油価格引き上げや、対立するイスラエル支援国への禁輸を決定。原油価格は74年初めにかけ4倍に跳ね上がった。国内ではトイレットペーパー、洗剤など生活必需品も品薄となり、「狂乱物価」と呼ばれる激しいインフレが起き、高度成長が終わる。79年にはイラン革命による「第2次石油ショック」も起きた。

3 乾いたタオルを絞る

ボルト、ホイール、エンジン各部…。トヨタ本社の一室に、分解された「カローラ」と、日産自動車などライバル車の部品が並ぶ。技術者たちは部品を見比べ、「もっとコストを下げられないか」と考えをめぐらせていた。

第一次石油ショックから間もない一九七四年十月、トヨタに「カローラ原価改善委員会」が発足する。最も生産台数が多い大衆車でコストを下げ、工場の操業率が八割に落ちても利益が出る体質にする狙いだった。

旗振り役は、トヨタの強固な財務基盤を築いた「大番頭」で、後にトヨタ会長となる専務の花井正八（故人）。「原価は、売れる価格から逆算して決まる。利益はコスト削減で生み出せ」という、創業者豊田喜一郎以来の信念を大切にしていた。

トヨタの合理化が「乾いたタオルを絞るようなものだ」と世間に皮肉られると、花井は逆手にとり、さらなる結果を求める。「日本は湿気が多い。乾いたタオルも時間がたてばぐしょぬれになる。合理化の余地はいくらでも残っている」

委員会には、次期カローラ開発責任者の揚妻《あげつま》文夫（後に関東自動車工業社長、故人）らを中心に、製造部門のほか購買や経理など、あらゆる部署から人が集められた。

販売価格八十万円ほどのカローラの原価を、一台当たり一万円下げる目標を設定。年間生産約八十万台のカローラで、八十億円を減らせる計算だった。

目標達成の期限は半年。まず約三万点の部品を一つ一つ検証し、一台一万円の削減目標を、エンジン、足回り、車体など各部の担当部署に割り振っていく。

「こんなの無理」「うちはびた一文、出せない」という現場の反発と、「おまえら、タオルの絞り方が足りねえ」と言う花井ら幹部との間で、委員会は板挟みになる。

当時、委員会事務局にいた池永英夫（78）＝元取締役＝は「技術者は既にある部品を使おうとせず、すべて自分の設計で作ろうとする。そういう意識を変えなければならなかった」と振

カローラの部品の原価を話し合うトヨタ幹部や技術者ら＝1975年、トヨタ本社で（同社提供）

り返る。

委員会が中間報告を花井に上げると、揚妻の机の電話が鳴った。受話器を取った揚妻の部下の耳に、花井の怒鳴り声が響いた。

「全然、目標に届いてないじゃないか。期限までに目標、達成しろよ」

委員会を率いる揚妻の表情が引き締まる。渋る各部署から苦し紛れのアイデアを出させる。

「ボルトの長さを短くすると一円、安くなる」「車体に付けるローマ字の車名を、立体文字でなくシールにする」

それらを委員会で「できる＝○、可能性あり＝△、無理＝×」に分類。案に詰まった部署が「日産ではこんな事例が…」と漏らすと、揚妻は「日産ができるなら、すぐやってください」と畳み掛ける。会議を重ねるごとに各部署が競うように△を○にしていった。

「ほこりよけゴムを再使用して五円二十銭節約」「部品の包装を新聞紙に変えた」。コスト削減の成功例を、社史「トヨタのあゆみ」は列挙している。最終的には一台当たり目標を二千八百円、上回った。

花井正八

カローラの経験は「コロナ」や「クラウン」の開発へと引き継がれていく。

花井は自著「わたしは三河人」で、「製品価格を抑えることは産業人の義務」と説き、こうも書き残した。

「トヨタはケチに徹しているといわれるが、私はこの言葉を誇りにさえ思っている」

【花井正八《はないまさや》】愛知県大塚村（現豊川市）出身、神戸商大（現神戸大）卒。1938年トヨタ自動車工業（現トヨタ自動車）入社。主に購買、経理部門を歩み、専務、副社長を経て78年会長。「トヨタ銀行」と呼ばれる強固な財務基盤を築いた。社長だった豊田英二（故人）とともに、82年のトヨタ自工とトヨタ自動車販売の合併を実現した。95年に82歳で死去。

4　コスト減　取引先に浸透

技術陣が提案してきたのは、資本金の五倍にあたる二百数十億円の設備投資。トヨタ自動車グループの愛知製鋼（愛知県東海市）社長、藪田東三（故人）は一九八〇年、巨額投資に踏み切るべきかどうか、頭を抱えていた。

イラン革命に端を発する第二次石油ショックの翌年で、炉に大量の電気を使う愛知製鋼は電気代や燃料代の高騰に苦しんでいた。

だが、原価引き下げを進めるトヨタは、取引先にも企業体質の改善を迫る。七七年には副社長の花井正八が「70％の操業率でも採算がとれるように」と合理化を訴える。部品は「もっといいものを、安く」と求めていた。

二兎《にと》を追うトヨタの要求に対し、愛知製鋼の技術陣は「世界最新鋭の工程」の具体案を経営陣に示す。品質を上げ、同時に製造コストを下げられる、という触れ込みだった。

巨大電気炉に、不純物を取り除く精錬炉などを組み合わせた、世界最先端の「複合製鋼プロセス」。鉄鋼先進国のドイツやスウェーデンに社費留学した社員らが、研究を積み上げてきた自信の工程だった。

各種部品に使う鋼材の品質は、車の静かさや防振性能に直結する。だからこそ、トヨタ創業の準備をしていた豊田喜一郎は「良きクルマは良きハガネから」と、豊田自動織機製作所（当時）に一九三四（昭和九）年、製鋼部門を設けた。それが愛知製鋼の前身となる。

ただ、経営陣は六〇年代に二年連続で赤字を計上して以来、大きな設備投資に慎重だった。その結果、「ドイツ、スウェーデンに二十～三十年、技術で遅れたままだった」と、当時の技術者で元常務の木村龍己（69）は振り返る。

世界初の複合製鋼プロセスを用いた愛知製鋼の工場
＝愛知県東海市で（同社提供）

巻き返しは必要だが、問題は時期。石油危機や円高で先行き不透明な中で、巨額の設備投資をするのは冒険だった。トヨタ本体も系列部品メーカーもこの時期、投資を控え、手持ちの設備で懸命に生産効率を上げようとしている。

トヨタ出身の薮田は「そんなに大きな炉が必要なのか」と技術陣に問いただす。社内も賛成、反対で二分された。

悩んだ末、薮田は結論を下す。「製鋼の後発国、日本に、世界に先駆けた設備を造ろう」

八二年十一月、新しい電気炉や精錬炉がそろい、新工程が始まる。毎時の生産量は三倍になったうえ、鋼のムラはなくなり、製造コストも二〜三割下がった。加えて、燃料と電力の使用量は十年前に比べ、およそ三分の二にまで減った。

「ご苦労さん」「よかった」。稼働祝賀会で薮田は、幹部社員に声を掛けながら目に涙を浮かべた。薮田の決断に際し、繰り返し新工程を説明した当時技術者の山田忠政（71）＝元専務＝は「よほどの重圧だったのだろう」と思いをはせる。

「高度成長に慣れきった企業体質を徹底的に改善してほしい」。トヨタ社長の豊田英二は七三年の第一次石油ショック以降、社内にも取引先にも分け隔てなく訴えてきた。「仕入れ先を自分の工場と思え」と説いた喜一郎の思いをなぞるように、原価引き下げの意識は部品メーカーに浸透していった。

5 進む円高　対策に疲れ

一人一台あった電話機は、四人で一台に減らされた。紙の節約のため書類は原則、一枚に限る。一度使った封筒も、社内で何度も使い回した。

トヨタにとってコスト削減は、工場だけの問題ではなくなっていた。創立五十周年を翌年に控えた一九八六年四月、事務系の経費を減らす「チャレンジ50運動」が始まる。

きっかけは前年の「プラザ合意」だった。

二度の石油ショック以降、米国で燃費のいい小型車が大ヒットし、輸出の比率が五割を超えていたところに、急速な円高が直撃。トヨタが為替変動で失った金額は二千百億円に上った。

そのうえ、日本車の輸出増に米国が業を煮やして通商摩擦が激化し、もはややむやみな輸出もできない。

「チャレンジ50」は、「仕事の見直し」「ペーパーレス」「会議の効率化」により、五十周年にちなんでコスト50％減を目指す取り組みだった。

「半減しよう」が合言葉になる。机の引き出しに大量にあった筆記用具が減っていく。会議も「書類を増やす」として減らす。

「二、三人で済む話なら、用事がある部署に自分が出向けばいい。社員にそう意識を変えてもらおうとした」。当時、経理部にいた元取締役の池永英夫（78）は振り返る。

八六年十月には、さらなる円高対策を技術や製造部門を含めて全社的に練るため、全役員をメンバーとする異例の組織「円高緊急対策委員会」が立ち上がる。委員長には、当時副会長の辻源太郎（93）＝現顧問＝が就く。四年前に会長を退いた「大番頭」花井正八の後継者だった。

「すべてにおいてコストダウンする以外にない」。辻は役員に言い渡し、各部門に金額を決めて原価低減を割り当てた。

技術部門から「いいものを作りたいから予算をください」という声が出ても、辻は一蹴する。当時、国内販売担当の取締役になったばかりの栗岡完爾《かんじ》（78）＝元副社長＝は、辻の厳しい反応を覚えている。「コストをかけないといいも

「プラザ合意」後の円高で減益となった決算を発表するトヨタ社長の豊田章一郎（右）と副社長の辻源太郎（後に副会長）＝1986年8月、名古屋証券取引所で

のができないなら、技術屋はいらん」

原価低減が軌道に乗り始めたころ、円高に耐えきれなくなった国内のライバルメーカーは、トヨタに誘い水を向ける。

「一緒に値段を上げましょう」

販売担当常務になっていた栗岡は、専務二人から「どうする?」と相談され、こう答える。「コスト削減で乗り切っていけます。値段は上げません」

だが、このころトヨタ社内でも、為替の固定相場制崩壊を招いた七一年の「ニクソン・ショック」以来、延々と続く円高対策に疲れがみえていた。日米自動車摩擦も収まる気配がない。

「原価低減を頑張ると、それに輪を掛けた円高の波が襲ってくる。社内では『悪魔のサイクル』と呼ばれていた」。六〇年代終わりから一貫して輸出業務を担当してきた元副社長の浦西徳一(72)は、当時の苦労を振り返る。

為替変動に左右されず、通商摩擦も避けるためには、海外現地生産を増やすしかない。トヨタが力を注いだのは、米大手と手を組むことだった。

メモ **プラザ合意** 1985年9月、日、米、西独(当時)、英、仏の先進5カ国蔵相・中央銀行総裁が米ニューヨークのプラザホテルに集まり、協調してドル安に誘導することを決めた。巨額の貿易赤字に悩む米国が輸出しやすい為替レートにして支援するのが目的。特に対日貿易赤字の解消が狙いとされた。この直後から各国中央銀行はドルを売って自国通貨を買う市場介入を強力に実施。合意直前に1ドル=240円近辺だった円相場は、87年初めには１５０円まで上がった。

6 フォード　縁がなかった

夕暮れの靖国神社を望む東京・九段のトヨタ自動車販売のビルで、北米部長、柳沢享あてに電話が入る。「アルバイトがあるから来ないか」。電話口でトヨタ自動車工業の社長、豊田英二の声が告げた。柳沢はすぐにタクシーを拾い、三キロほど離れた日比谷の自工の事務所に駆けつける。英二は「これを極秘で英訳してほしい」と直筆の手紙を渡す。

米大手フォード・モーターに対する合弁生産の提案だった。開発コード「４１５Ｂ」は、当時のトヨタ小型セダン「カムリ」次期モデル。それを「フォードの工場で共同生産し、両社が販売する」と明記している。

柳沢はこれまでも英二の通訳を務めているが、手紙の内容に身震いした。「絶対に内緒だ」と部下に言い含め、英文タイプを打たせた。

一九八〇年五月、トヨタ初の米国現地生産を探る動きが始まる。フォードとの交渉で英二に付き添った現在八十一歳の柳沢が、本紙にその経緯を明かした。

トヨタからの提案を受け六月、フォード社長のドナルド・ピーターセンが来日する。愛知県豊田市の自工本社で英二と会談し、交渉開始に合意した。

フォードと提携交渉をするのは戦前を含めこれで四回目。この年、日本の自動車生産が米国を抜き世界一となるが、日米自動車摩擦も深刻化していた。

英二とフォードの縁は、トヨタ労働争議直後の五〇年夏にさかのぼる。英二は一カ月半、世界の先端を走るフォードの工場を回って講義を受けている。

当時のフォードは日産八千台と、トヨタの二百倍もの企業規模。英二は、日本にはなかった自動変速機の分解や組み付けまで経験し、工場での見聞を英語と日本語で日誌につづった。

三十年後、フォードが日本勢の輸出攻勢で苦境に立つ。英二は、かつて「包み隠さず見せてくれた」恩義を感じており、小型車開発で手助けしようと考えた。

七月、柳沢だけを伴って再交渉に飛び立つ。米国に着いた翌日、緊急会見を開く。「トヨタ式生産

米フォード・モーターで研修中、組み立て後の車両運転席に座る豊田英二（手前）。隣に座るのはトヨタ自動車販売社長の神谷正太郎＝1950 年、フォード工場で（トヨタ自動車提供）

の良さを米国に植え付けられるか。テストケースだ」と意気込んだ。

だが、会談相手のフォード副社長とはいきなり「生産車種でつまずいた」と柳沢は思い出す。フォード側は「カムリの室内が狭い」と難色を示し、そのうえ、メキシコで造る自社エンジンの搭載も求めてきた。

後日、開かれた実務交渉で、フォードは別の「一リットル車」の共同開発を持ち掛ける。米国では画期的な小排気量で、米ゼネラル・モーターズ（GM）も開発を急いでいた。だが、当時の国内向け「カローラ」でも最小排気量一・一リットル。初代カローラ開発責任者で自工専務だった長谷川龍雄（故人）が、米国向けには「一・二リットルはほしい」と譲らず、立ち消えになる。

商用バン「タウンエース」も候補に挙がり、トヨタは実寸大の樹脂モデル車を造って米国に空輸する。だがフォードの顧客調査では「車高が高くて乗りにくい」と不評だった。八一年夏、交渉は白紙に戻る。

翌年二月、フォード会長のフィリップ・コールドウェルが来日するが、英二は「やれそうな車種は全てお見せした」と告げる。コールドウェルは「フォードの課題は生産性の向上なんです」と言い残す。立ち会った柳沢は「互いに名残惜しそうだった」と振り返る。

またもや幻に終わったフォードとの提携。「よほど縁がないのだろう」と、英二は自著「決断」で回想した。

メモ

フォード・モーターとの提携交渉

１９３８（昭和13）～39年、日本の自動車国産化の動きを受け、フォードがトヨタ自動車、日産自動車と3社合弁を目指したが、合意できなかった。50年には労働争議直後のトヨタが技術指導を求めたが、朝鮮戦争により米国技術者の渡航が禁止され、頓挫。代わりに豊田英二らがフォードで研修した。さらに60～61年、トヨタは国民車として開発した大衆車「パブリカ」の国内合弁生産を提案したが、フォード役員会が否決した。

7 工販一本化 いざ海外

日米友好の象徴、ポトマック河畔の桜がつぼみを膨らませている米ワシントン。トヨタ自動車工業の副社長、豊田章一郎は一九八一年三月、大統領補佐官、通商代表部（USTR）代表、商務次官ら高官と、足早に面会を重ねていた。

この年一月、米大統領は共和党のレーガンに代わっていた。章一郎の渡米は、社長の豊田英二の命だった。

「新政権が自動車摩擦にどう対応するのか、英二さんは不安を感じて調べさせた」。通訳として章一郎に帯同した柳沢享（81）＝元豊田通商副社長＝は本紙取材に明かす。

章一郎はワシントンで得た内部情報を、日本で待ちかねていた英二に電話で知らせる。

「レーガン政権は重要閣僚のみの秘密会議で、日本に対米輸出の自主規制を要請すると決めました」「自由貿易派」の共和党政権だが、今回は力ずくで結果を得ようとしていた。「この話を日本で知っているのは首相ら四人ほど」と章一郎は英二に伝えた。

日米摩擦がここまで政治問題化した以上、米国での現地生産実現は一刻を争う。フォード・モーターと合弁生産の交渉が進んでいたが、英二にはもう一つ、気掛かりなことがあった。

「海外で車を生産して販売するには、生産会社と販売会社に分かれたままでは、経営判断が遅れてしまう」ことだ。

トヨタは戦後間もない五〇年の経営危機で、金融支援を受けるため販売部門を切り離された。当時、若手の取締役だった英二は「生木を裂かれる思い」と後に吐露した。以来、生産のトヨタ自工と、販売の「トヨタ自動車販売」に分離したままだった。

「そろそろ会社を一本にしてもいいのでは」。英二は、米国での生産を意識した七〇年ごろから、自販社長、会長を務めた十五歳年上の神谷正太郎（故

「工販合併」契約書に調印して握手する（左から）トヨタ自動車工業の会長花井正八、社長豊田英二、トヨタ自動車販売社長の豊田章一郎、会長加藤誠之＝ 1982 年 3 月、愛知県豊田市で（トヨタ提供）

人）に合併を持ち掛けている。だが「水面下で何度も打診したけれど、神谷さんは賛否を言わなかった」と、英二は周囲に語っている。神谷は、時機を見計らっていた節があった。

八〇年、自販会長だった加藤誠之《せいし》（故人）は、この年十二月に八十二歳で死去する直前の神谷を見舞う。その様子を、自著「ざっくばらん」に書き残している。

神谷は、すでに話し掛けても反応が鈍かった。加藤が「今、トヨタとフォードが合弁する話が持ち上がっているんです」と枕元で伝えると、その瞬間「目をカッと見開いた」と記す。

神谷自身、それ以前のフォードとの交渉に携わっており、思い入れは強いはず。ただ、もう言葉を発する力はなかった。「何もできない自分がもどかしく、無念だったのだろう」と、加藤は心中を察している。

八一年五月初め、章一郎の報告通り、日本政府は米側の要求をのんで乗用車の輸出規制を表明する。英二はこのタイミングを計ったように、自販社長に章一郎を送り込む。本格的な海外展開を見据えた「工販合併」への布石だった。

「欧米諸国との貿易摩擦など、生き残りをかけた熾烈《しれつ》な闘いを繰り広げている」。就任した章一郎はあいさつし、「自工との連携をいっそう緊密にし、両社の力を最大限に発揮する」と力を込めた。

翌年三月、自工と自販は合併契約を交わす。三十二年ぶりにトヨタが一つの会社になった七月一日、英二は文書で社員に告げた。「トヨタの戦後は終わりました」

このときフォードとの交渉は破談になっていた。ただ、秘密裏に進んでいた話がもう一つあった。相手は世界最大手、米ゼネラル・モーターズ（GM）だった。

メモ

対米乗用車輸出規制　米国市場で増え続ける日本からの輸入乗用車に対し、日米両政府が1981年4月末に合意した初の輸出制限措置。日本側が81年度から3年間、輸出を自主規制し、初年度の輸出枠は前年実績より14万台少ない168万台となった。枠は過去の輸出実績に基づいて各社に割り当てられ、トヨタ車の輸出も一時減った。84年度は輸出枠を185万台に増やして継続。その後も最大230万台を上限に輸出制限が続いたが、日本車の現地生産が増えたことから93年度末に撤廃された。

8 水面下の巨頭会談

トヨタ自販との「工販合併」を発表し、大勢の記者に囲まれて質問攻めに遭ったその日の夜。トヨタ自工社長、豊田英二は名古屋城そばのホテル「ナゴヤキャッスル」にひっそりと入る。一九八二年一月二十五日、米国から来た三人の歓迎会を開こうとしていた。

記者会見会場だった名古屋市中心部の「名古屋観光ホテル」から二キロほど離れただけだったが、打って変わって報道陣の姿はない。

もてなす相手は、米GMの予備折衝団だった。通訳や連絡係を務めた柳沢享は「特別なお客さんとして礼を尽くした」と振り返る。

トヨタは米国での現地生産の合弁相手を求め、フォードと交渉したが白紙に戻っていた。新たな提携先の候補として、トヨタ自販常務の神尾秀雄（後にトヨタ副社長、故人）が接触した伊藤忠アメリカ（現・伊藤忠インターナショナル）の仲介で、小型車開発を急いでいたGMが急浮上した。

トヨタ自販会長の加藤誠之《せいし》が渡米してGM会長ロジャー・スミス（いずれも故人）と会い、好感触を得ている。

だが、来日した三人は歓迎会が始まる前、開発中のトヨタ車を見られないと知らされ「もう帰る」と機嫌を損ねてしまう。柳沢が「何とかしてやってください」と訴えると、英二は次期「カムリ」を三人に見せるよう、自ら計らった。

三月一日夜、今度は英二が柳沢を伴い、米ニューヨーク・マンハッタンにいた。GMビルに近い会員制クラブ「リンクス」で、スミスとの会談に臨む。

一年前に対米輸出の自主規制をのませた米レーガン政権は、まだ日本車対策の手を緩めていない。

夕食を終えた午後七時ごろ、スミスは「憂慮すべき事態が起こりつつあるが、有益な提案をつくり

合弁事業に向けて握手を交わすトヨタ自動車会長（前自工社長）の豊田英二（左）とGM会長のロジャー・スミス＝1984年4月、愛知県豊田市のトヨタ本社で（同社提供）

ました」と切り出す。

「折半出資の合弁会社を設立し、ＧＭの遊休工場で、新型カローラがベースのＧＭモデルを、年間四十万台生産したい」

カローラは米国にも輸出するトヨタの主力車種。英二は大筋で賛同しつつ、くぎを刺す。「共同生産した車が、うちのメーンの車と競合することになってしまう」。スミスは応じる。「カローラはコスト競争力が高い。米国市場は大きく、共存できる」

通訳として同席した柳沢は「率直に本音をぶつけ、ウマが合ったようだ」と感じたのを覚えている。トヨタとＧＭの交渉は、排ガス規制が強まった七一年にもあった。トヨタは無公害車の共同開発を持ちかけ、英二らが東京で当時のＧＭ会長と協議した。だが両社の世界シェアを合わせると米独占禁止法に抵触する可能性があり、日の目を見ることはなかった。

それから十一年。英二は「独禁法をどう考えていますか」と尋ねると、スミスは「米政府を説得できる」と自信をみせた。

クラブの営業時間がすぎ、暖房が切れても二人は語り続ける。英二は、三月中に基本合意して実務作業に入る青写真を示す。「基本合意の段階で公表できないか」と踏み込んだ。

「もう、いつ記事にされてもおかしくないですね」とスミスは冗談を飛ばす。会談を終えると、時計は午後十一時を回っていた。

スミスの冗談が図らずも当たり、交渉は英二の帰国後すぐに日本で表ざたとなってしまうが、英二には「今度こそ」という感触があった。

9 合弁へ不退転の決意

トヨタ本社二階の役員会議室に怒号が飛び交う。社長の豊田英二は目をつぶり、じっと耳を傾けていた。

一九八二年三月、英二はGM会長ロジャー・スミスと極秘会談で合弁事業に大筋合意し、日本に持ち帰って役員会に諮った。

「GM従業員に、トヨタ流のものづくりが通用するはずがない」。会長の花井正八が反対論をぶつと、通産省（現経済産業省）事務次官上がりの副社長、山本重信（故人）は「日米関係の改善につながるプロジェクトだ」と主張する。

法規部長として議事録を取っていた塚田健雄（82）＝後に常務＝は「やがて収拾がつかなくなり、筆記の手を止めた。トヨタ史上、まれに見る激論だった」と、その場のやりとりを初めて本紙に語った。

「車を造ったこともない役人に語る資格はない」と言い放つ花井に、「三河の田舎者に、日米関係の何が分かる」と山本がやり返す。

「言いたいことは言ったかい？」。議論が三十分を過ぎ、静まった瞬間をとらえ、英二が口を開く。「いい勉強になった。ありがとう。あとはおれに任せてくれ」

太平洋の向こうではＧＭ会長のスミスが、社内の反対論を抑え込んでいた。トヨタ生産担当専務だった楠《くすのき》兼敬《かねよし》（91）＝元副社長＝らはＧＭ関係者から伝え聞いている。

「どうしてトヨタに教えを請わなければいけないのか」という幹部の不満に、スミスは「われわれが造った車は売れていないじゃないか」とたしなめた。

トヨタとＧＭはこの年四月から実務交渉に入る。生産拠点は、ＧＭが閉鎖したばかりのカリフォルニア州フリーモント工場に決まる。交渉に携わった柳沢享によると、最後までもめたのは、トヨタが販売台数に応じてＧＭから受け取る技術料だった。

合弁で造る車は、トヨタの主力車種「カローラ」最新型がベースで、日本から輸出するカローラとまともに競合する。トヨタに不都合な点が多く、技術料では譲るつもりはなかった。

だがＧＭ側は、技術料の高さに「うちが技術力のない田舎会社と思っているのか」と不快感をあらわ

合弁生産の覚書に調印するトヨタ会長の豊田英二（手前右）とＧＭ会長のロジャー・スミス＝1983年2月、米カリフォルニア州フリーモントで（トヨタ提供）

にする。トヨタ社内には「決裂も辞さない」と強硬論が浮上する。

英二は「私には、反対への拒否権がある」と、不退転の決意を示す。一年前のフォードとの提携失敗を繰り返すつもりはなかった。自らスミスと手紙をやりとりし、妥協の姿勢を示した。

八三年二月、フリーモントの工場で基本合意に調印する。英二はスミスと同じ車で夕食会の会場に向かった。同乗した柳沢は「車中で合弁会社の社名が決まった」と明かす。

スミスは、二〇年代に赤字に陥ったGMを復活させた中興の祖、アルフレッド・スローンの名前を出し、「かつて彼が率いていた部品会社ユナイテッド・モーターズにあやかりたい」と英二に伝える。スミスの熱弁に、英二は「それはいい」と快諾した。

社名は「ニュー・ユナイテッド・モーター・マニュファクチャリング・インク」。その後、頭文字をとって「NUMMI（ヌーミー）」と呼ばれる。

日米トップメーカーの歴史的な提携がほぼ固まったかに見えたそのとき、米自動車業界の大物が行く手を阻もうとする。

メモ NUMMI＝New United Motor Manufacturing Inc.　トヨタ自動車とゼネラル・モーターズ（GM）が1984年、50%ずつ出資して設立した生産会社。トヨタ初の北米生産拠点。トヨタ「カローラ」や姉妹車の「スプリンター」を、GMブランドの「シボレー・ノバ」として生産開始。その後「カローラ」や小型トラック「タコマ」も造る。GMは2009年6月に経営破綻したことを受け合弁から撤退。10年4月1日に工場は閉鎖され会社は清算された。従業員約4700人で、26年間の累計生産は約800万台。10年

5月、電気自動車製造の米テスラ・モーターズが工場を引き継いだ。

10 独禁法かわす情報戦

政財界の名士が集まる週末の米ワシントン郊外のホテル。五十歳のトヨタ取締役、塚田健雄は食事がてらにパーティーに顔を出していた。法規担当の塚田の任務は、一九八三年に進んでいたGMとの合弁事業に向けた米国での情報収集。世界一、二位のGM・トヨタの提携には「反トラスト（独占禁止）法違反」との反発が渦巻いていた。

人混みの中で、大柄な紳士からの視線を感じた。新聞やテレビで見慣れた顔がにやりと笑う。米「ビッグスリー」の一角、クライスラー（現FCA　US）の会長リー・アイアコッカだった。

「トヨタの塚田さんだね」と言いながら、耳元に顔を寄せてきた。「君も議会に呼び出されるかもしれないな」とささやいた。

「なぜおれの顔と名前を知っている」。塚田は肝を冷やしたのを覚えている。

アイアコッカ

トヨタ取締役の塚田健雄（左）にGMとの合弁事業の助言をしたホジソン＝1982年、米ロサンゼルスで（塚田氏提供）

アイアコッカはフォードで社長に上り詰め、経営危機に陥ったクライスラーに移り黒字化に成功。大統領選出馬もうわさされる「米産業界の英雄」だった。

GMとトヨタが八三年四月、米連邦取引委員会に合弁計画を申請すると、すぐさま下院で「二社の提携は市場を支配し、違法だ」と批判した。フォードも同調する。

独禁法には、トヨタ会長になっていた豊田英二も気をもんでいた。「超極秘」で情報収集を命じられた塚田は、本紙にその舞台裏を初めて明かした。

塚田は、社長の豊田章一郎の助言で、トヨタの主力行だった三井銀行（現三井住友銀行）会長小山五郎（故人）に相談する。小山から紹介されたのは、米労働長官、駐日大使を歴任し、八二年秋に首相となる中曽根康弘と親交があったジェームズ・ホジソン（故人）だった。

「この件は日米摩擦の最大の焦点だ。中曽根さんも気にかけている」。ホジソンは塚田の相談にそう答え、「今回だけだ」と助言役を引き受けた。

米通商代表部（ＵＳＴＲ）元代表ら閣僚経験者三人を引き込み対策チームを立ち上げ、塚田にこう命じる。「米政府は電話もファクスも盗聴できる。大事な話は英二さんにじかに会って伝えろ」。塚田は月一度のペースで日米を往復した。そのホジソンが「何をするか予測できない」と警戒したのがアイアコッカだった。

やがて「議会の司法委員会が、英二さんか章一郎さんの渡米予定を探っている」との情報が入る。パーティーでのアイアコッカの言葉が塚田の脳裏をよぎる。「議会の公聴会でつるし上げるつもりか」。本社には英二らを渡米させないよう伝えた。

クライスラーはＧＭ・トヨタの合弁差し止めを求める訴訟の準備も始めた。合弁申請を審議していた連邦取引委も、ひそかにスタッフを日本に派遣し、英二に直接、合弁の狙いを問いただそうとする。聴取は英二を神戸の米総領事館に呼んで行われた。「トヨタ流で品質の良い小型車を造り、アメリカ経済に貢献する」。英二は従来通りの説明を終えると、打ち合わせにないひと言を発する。

「ところで、クライスラーが『スリーダイヤ』と話を進めているのは自己矛盾じゃありませんか？」

英二はホジソンのチームの情報で、クライスラーが三菱自動車と内密に合弁生産の交渉をしているとつかんでいた。このひと言が決定打となり、二日間の予定の聴取は「初日の午前中でほぼ終わってしまった」と塚田は思い出す。

八三年十二月、連邦取引委はＧＭ・トヨタの合弁生産を年二十五万台までに限ることを条件に、「米国民にもたらす利益の方が大きい」と結論付ける。委員五人中、賛成三、反対二の薄氷の勝利だった。合弁会社「NUMMI」は翌年二月、発足する。足かけ四年、英二がフォードとの交渉から始めた米国現地生産の試みは、情報戦の末、実を結んだ。

11 制裁いなした極秘の手

トヨタ車に向かい、労働者も主婦も大きなハンマーを振り下ろす。失業者があふれた街で、参加料一ドルでだれでも鬱憤《うっぷん》晴らしをできる人気イベントとなる。米「ビッグスリー」（大手三社）のお膝元、デトロイトでは、一九九〇年代に入っても「日本車バッシング」が燃えさかっていた。

トヨタをはじめ日本の自動車メーカーは現地生産を増やすが、米国の貿易赤字は一向に減らない。米政府の怒りは九五年五月、頂点に達する。

「日本製高級車の関税率を、２・５％から１００％に引き上げる」

自動車をめぐる日米交渉が暗礁に乗り上げたことを受け、米通商代表部（ＵＳＴＲ）代表ミッキー・カンターは高額車種を対象に、関税率を四十倍とする異例の制裁措置を突き付けた。

トヨタが北米向けに輸出していた高級ブランド「レクサス」が狙われたのは明らかだった。「店じまいを考えないといけない」。米国トヨタ販売社長だった酒井進児（77）は存続の危機すら感じたのを覚えている。

自主規制で輸出台数を抑えていたトヨタは、一台当たりの利益が大きいレクサスを米国で八九年から販売し、「稼ぎ頭」としていた。100％の関税を課されたら、最上級車「LS400」は五万一千二百ドルから八万六千ドルと約一・七倍に膨れ上がり、市場から締め出されるのは必至だった。

制裁が発動されるのは一カ月後の六月二十八日。酒井は何とか撤回させる道を探ろうと、日産自動車、ホンダ、マツダの米国販売会社と共同で、「報復関税は自由競争を阻害する」と米世論に訴え始めた。

トヨタ車を扱うディーラーは「仕事を奪うな」とデモをした。ボルボなど欧州メーカーが加盟する輸入車販売店協会も味方に付く。

1995年6月、日米自動車交渉を前に、贈った竹刀を通産相の橋本龍太郎（右）に突き付け話題を呼んだ米通商代表のカンター＝ジュネーブで（ロイター・共同）

国内では田原工場（愛知県田原市）のレクサス生産を月八千台から三千台に減らし、制裁発動に備えた。一方で、トヨタ会長の豊田章一郎は経営会議で「日米交渉を決裂させてはいけない」と居並ぶ役員に明言。新しい対米投資計画に、米国での新工場建設を盛り込むよう指示する。八四年にGMと設立した合弁生産会社NUMMI、八六年のケンタッキー工場に続く、米三番目の生産拠点の計画となる。

だが、トヨタは日本政府にも伝えず、極秘にしておく。章一郎は最も効果的に米側に切り出すタイミングを計っていた。

制裁が発動される期限の六月二十八日、スイス・ジュネーブで通商産業（現経済産業）相、橋本龍太郎（故人）とカンターが出席する最終の日米交渉が開かれる。

その直前、章一郎は自宅から、米駐日大使のウォルター・モンデールに電話をかける。自ら新工場建設を柱にした自主計画を説明し、翌日にはヘリコプターで東京まで会いに行った。

「この行動が最終局面で極めて重要な役割を果たした」と、当時の日本自動車工業会会長、岩崎正視（89）＝元トヨタ副会長＝は振り返る。

二十八日深夜、トヨタ株主総会出席のため帰国していた酒井は名古屋市内のホテルで、北米担当役員から日米交渉の結果を知らされる。「セーフです」。米国は土壇場で関税引き上げを撤回した。

五カ月後の十一月、トヨタは米中西部インディアナ州で工場建設を発表した。酒井は生涯、忘れられない文書を受け取る。差出人は、ＵＳＴＲ代表のカンター。「アメリカ政府として歓迎します」と記した公式の祝辞だった。

メモ　**1990年代の日米自動車摩擦**　米国の対日貿易赤字解消に向け93年9月〜95年6月、日米包括経済協議が開かれ、自動車とその部品は最優先課題に位置付けられた。93年発足の米クリントン政権は、日本による米国製品の輸入や調達の拡大を「数値目標」で示すよう迫る。日本側は「管理貿易だ」と抵抗し交渉は2度決裂。米側は通商法301条を強化した「スーパー301条」による制裁発動を発表するが、最終協議で回避される。ただ日本車メーカーは米国内の生産や米国製部品購入を拡大する「自主」行動計画策定を余儀なくされた。その一環でトヨタは96年からGM製乗用車「キャバリエ」の輸入・販売を始める。

12　進取の心　佐吉から脈々

トヨタ創業者、豊田喜一郎の孫の章男が、千人収容の本社大ホールで従業員を前にあいさつに立つ。二〇〇九年四月一日、海外拡大路線がリーマン・ショックによる不況で裏目に出て、創業期以来の赤字決算が避けられなくなっていた。

六月の社長就任を控える副社長の章男は、次期トップとしておわびする。続いて「ものづくりを通し、社会を豊かにする」という曽祖父の豊田佐吉以来の理念に触れ、「最後にこの言葉を皆さんとかみしめたい」と、佐吉のひと言を引用する。

「障子を開けてみよ、外は広いぞ」
赤字転落となっても、顧客や社会には「いつも大きく窓を開け、クルマの未来を問い続けてほしい」との訴えだった。

佐吉がこの言葉を発したのは、この九十年ほど前。一九一八（大正七）年に第一次世界大戦が終わると、日本から飛び出し、世界で勝負する気概を示した。二一年に上海に完成した紡織工場はトヨタグループ初の海外拠点となる。佐吉は一家で上海に移住する。

「常に時流に先んずべし」。佐吉が説いた進取の精神はおいの英二も引き継ぐ。日米貿易摩擦が激しくなった八〇年代、「競争と協調」を唱え、トヨタを本格的な海外生産に導いていく。

章男が社長に就任したころ、世界生産は九百万台に迫り、生産の半分以上、販売の四分の三超が海外となっていた。そこにリーマン・ショックが襲い〇八年度は四千六百十億円の赤字となる。

〇九年からは米国発の大規模リコール（無料の回

豊田佐吉（円内）が建てた旧豊田紡織廠の事務所跡＝ 2006 年 10 月、中国・上海で
（豊田雄二郎撮影）

収・修理)、一ドル＝八〇円を切る超円高と、国際化の荒波が立て続けにトヨタを揺さぶる。一一年三月には東日本大震災も起きる。

張り詰める章男に、常務役員だったカナダ人のレイ・タンゲイ(65)は一〇年秋、「トヨタがどこに向かおうとしているのか、世界に示すべきだ」と進言する。章男は助言を受け入れ、タンゲイに経営方針の取りまとめを頼む。

「会社の根本に関わることを、外国人にやらせるのか」。渉外広報担当の副社長だった布野幸利(67)＝現・国際経済研究所代表取締役＝は、その思い切った決断に驚いている。

北米トヨタを拠点にするタンゲイは、海外各地にいるトヨタ幹部の意見を英語で聴き、集約していく。「トヨタ・グローバルビジョン」と題した方針は、まず英語で書かれ、その後国内向けに和訳された。

その結果、米国など海外の子会社が生産・販売の計画を自主的に立てられるように見直された。「それまでは、アメリカに住んだこともない人が日本でアメリカの生産台数を決めていた」と布野は省みる。

章男は「本社は机上で台数を追うな、現地に任せろ」と口を酸っぱくして言うようになる。

一方、先細る日本の国内生産に、章男は「日本はトヨタの母国」と力を込め、「石にかじりついてでも、日本のものづくりを守り抜く」と繰り返す。国内を環境技術や、より低コストで造る生産技術の開発拠点として、「もっといいクルマをつくろう」と良品廉価の号令をかける。

紡織産業で生き残りをかけていた佐吉の思いと重なる。「良い品を安くすることに努めねばならぬ」。上海の工場には見渡す限りの織機を並べた。

「障子」が開かれ百年近く。「世界のトヨタ」は今も国際化を続ける。だが品質とコストという永遠の課題に、変わりはない。

メモ **トヨタ・グローバルビジョン**　トヨタ自動車が2011年3月9日、リーマン・ショックによる赤字転落や大規模リコール問題の反省を踏まえ、発表した長期経営指針。「台数を追わない経営」「海外拠点への権限委譲」などが柱。1ドル＝85円でも連結営業利益1兆円程度を達成する目標などが盛り込まれた。同時に、経営判断の迅速化のため、取締役を27人から11人に削減することも決めた。

第八章

中部財界に根ざす

世界企業に成長したトヨタ自動車は、名古屋財界でも指導的な立場を求められるようになる。特に 2005 年の愛知万博や中部国際空港開港の大プロジェクトで存在感を示し、成功に導く。東京、大阪に次ぐ「三男坊」からの脱却を目指す名古屋を、国際都市へと飛躍させた歩みを描く。

1 デザイン博　成功で光

放物線をかたどった白亜の建物を連日、長蛇の列が取り囲んだ。一九八九年に名古屋市で開かれた世界デザイン博覧会で一番人気となったトヨタグループ館。最新の映像技術で、流線形の「空飛ぶ車」による冒険劇が話題を集めた。

「テント下に六千人の待合スペースをつくった。最高七時間待ちの看板が出ても、お客さんが並んだ」。グループ館の事務局長だった樋渡啓起《ひわたりひろゆき》(71)＝愛知県豊田市＝は、当時の映像を見ながら懐かしむ。

トヨタ自動車が大規模イベントに出展したのは意外にもこれが初めてだった。

バブル景気の中、全国の主要市が一斉に市制百周年を迎える八九年に向けて、地方博ブームが起こっていた。名古屋市でも記念事業として、二年に一回開かれるデザイン界の国際会議「世界デザイン会議」の誘致と、それに合わせた地方博が持ち上がる。

♪白い街、白い街、名古屋の街―。ＣＢＣラジオの関係者が発案し、石原裕次郎が甘い声で歌った歌謡曲「白い街」。発展途上の白いキャンバスという意味を込めたご当地ソングだったが、市民から「道路ばかりの名古屋をやゆしている」と怒りの声さえ上がる。それほど当時の名古屋は、デザインと無縁の街だった。

デザイン博といっても「デザインとは何かを分かっている人はほとんどいなかった」。博覧会協会事務局長を務めた名古屋市ＯＢの由井求《ゆいもとむ》（84）＝名古屋市中川区＝は明かす。デザインの普及というより、地方博や大イベントを開くこと自体が大きな目的だった。

そんなデザイン博を支えたのが、トヨタの相談役で名古屋商工会議所副会頭の加藤誠之《せいし》（故人）だった。八五年春の名商正副会頭会議の席上、秘書役の白石敏彦（86）＝名古屋市千種区＝が誘致について諮ると、加藤は「トヨタの車はデザインの塊。会議は世界的にも有名だ」と強力に後押しした。その年の八月、ワシントンで世界デザイン会議の名古屋開催が決まり、翌年に加藤が博覧会協会の理事長に就く。

ただ一般市民にはテーマが分かりづらく、開幕前の入場券の売れ行きはいまひとつだった。開幕が半年先に迫り、由井が頭を悩ませていると、加藤は「ちょっと切符を売ってくる」と、おもむろに紙の手提げ袋に数百枚の入場券の束を詰め始める。「あなたみたいな偉い人に売ってもらわ

大勢の来場者でにぎわうデザイン博白鳥会場。奥にあるのはトヨタグループ館＝1989年7月、名古屋市熱田区で、本社ヘリ「おおづる」から

なくても…」と戸惑う由井。加藤は「いいから、いいから」と意に介さず、東京や大阪でトヨタ販売店の会議があるたびに売り歩いた。

「名古屋は閉鎖的だから、デザイン博を通じて人を交流させなければいけない」。こう訴えていた加藤の姿を、樋渡は思い出す。「加藤さんに恥をかかせてはいけない。みんながそう思っていた」と樋渡は振り返る。トヨタ館は期間中、単独の企業グループのパビリオンでは最多の二百七十万人を集め、デザイン博の華になった。

八八年夏季五輪の誘致で、韓国・ソウルに敗れた名古屋には停滞感が広がっていた。名商会頭の名古屋鉄道会長、竹田弘太郎（故人）もその雰囲気を感じとり、「大衆が喜ぶ祭りは大賛成だ」と、加藤とともにデザイン博を支えた。財界との連携が奏功し、デザイン博は目標の千四百万人を上回る千五百十八万人の来場者を集める。地方博ラッシュの中で「もっとも成功した地方博」と呼ばれ、五輪の失敗から立ち直るきっかけとなった。

メモ　世界デザイン博覧会　名古屋市制100周年の記念事業として、1989年7月15日～11月26日の135日間にわたって開かれた地方博。名古屋中区の名古屋城会場、熱田区の白鳥会場、港区の名古屋港会場の3会場に延べ1518万人が来場した。トヨタグループや名鉄グループなど地元企業を中心に、3会場で27館のパビリオン出展があった。会期中の10月18～21日、世界デザイン会議が白鳥会場で開かれ、45カ国・地域から3764人が参加した。名古屋・栄に「ナディアパーク」を整備するなど、デザイン博に合わせた整備で「名古屋の街がきれいになった」と評判を呼んだ。

表情は意外にも穏やかだった。一九九八年二月、東京都文京区のトヨタ自動車東京本社。運輸事務次官の黒野匡彦《まさひこ》は、会長（現名誉会長）の豊田章一郎が待つ部屋に入り、内心ほっとする。「トヨタは受けてくれる」。面会は、五月に発足する中部国際空港会社の初代社長をトヨタから出してもらうためだった。

豊田は、愛知県知事や中部経済連合会会長の安部浩平（故人）の頼みをきっぱり断っていた。「後がない」と焦る黒野は、経団連会長も務める豊田に面会を申し入れ、単身乗り込んだ。次官の自分が動けば、空港トップに民間人を望む政府の思いが伝わるはず。そんな計算もあった。

平野幸久

2 民間ノウハウ空港へ

「民間主体で造る空港です。ぜひお願いします」。一対一で向き合い、黒野が切り出す。豊田は即座に答える。「分かりました。どのクラスの役員を出せばよいですか」。完全拒否から一転、いきなり具体論に入り、黒野は驚く。「いったん腹をくくればスピードがすごい。これがトヨタか」

中部国際空港は九八年度に着工予算が付き、建設段階に入る。山一証券などが破綻する金融危機の時代で、開港を二〇〇五年の愛知万博に間に合わせる必要もある。民間の力を生かして安く早く造ることが期待された。トヨタが送り込んだ社長は、当時六十歳で元取締役の平野幸久。平野はトヨタで生産技術畑を歩み、地道に現場の無駄を省く「カイゼン」のノウハウにたけていた。

真っ先に取り組んだのはモノの買い方。価格だけでなく、形や製造方法を含めて競わせる。業者にもアイデアを出すよう繰り返し求めた。平野から調達担当に任命された広地義範（70）は『良い提案で価格を下げられれば、(利益の)半分をあげます』と業者に言ったこともある」と明かす。

当初事業費の七千六百八十億円は、霞が関で「これで空港ができれば奇跡」といわれた低価格。それをさらに千七百三十億円削った。関西空港は当初の一兆円が開港時に一兆五千億円まで膨らんだのに比べ、驚くべきコストダウンを実現した。それでも平野は「造った後に空港を運営しないといけない。もっと削減が必要だ」と語った。

経費削減に成功する一方で、工期の遅れに悩む。漁業補

中部国際空港を離陸する「一番機」、全日空の福岡便＝2005年2月17日、愛知県常滑市で、本社ヘリ「まなづる」から

償交渉のもつれなどで着工が半年以上後ずれし、当初開港を予定した三月十九日は万博開幕のわずか六日前。元首相の橋本龍太郎（故人）は「万博のお客さんを迎えられるのか」と危ぶんだ。

空港会社は開港の一カ月前倒しを決断する。必要な工程はできる限り重ね、工事を同時並行で進めた。平野の口癖は「言い負けたら終わりにしよう」。白黒つくまでとことん議論し、方針が決まれば、意見が通らなかった人間も含めた全員が愚直に一つの目標に向かう。運輸省出身で、副社長を務めた山下邦勝（69）は「あれがトヨタ流なのかもしれない。民間、国、自治体の混成部隊が一丸となっていくのを感じた」と振り返る。

「万博が終わって開港するようなぶざまなことはできない」。山下は当時の平野の決意を思い出す。〇五年二月十七日午前七時三十四分、第一便が離陸する。中部国際空港は万博という最高の舞台を与えられ、世界の人々を中部に迎え入れる玄関口としての第一歩を踏み出した。

メモ　**中部国際空港**　愛知県常滑市沖に２００５年２月に開港した国際空港。運営会社は１９９８年５月に設立され、資本金は設立時が３億２２００万円、14年６月現在は８３６億６８００万円。中部地方を中心とした民間企業が５割、国が４割、愛知県や名古屋市などの地元自治体が１割を出資。14年３月期で累積損失を解消し、開港から10～15年間としていた目標を９年間で達成した。愛称はセントレア。敷地面積４７０ヘクタール、３５００メートル滑走路１本で24時間運用。13年度の航空旅客数は国際線と国内線の合計で９８７万人。14年８月１日現在の就航都市数は国際線27、国内線21。

3 名商にもトヨタの風

地元政財界の有力者ら千人が、列をなしてあいさつの順番を待つ。一九九九年七月二十六日、名古屋市西区のホテルで開かれたトヨタ自動車の新トップ披露パーティー。名誉会長豊田章一郎、会長奥田碩(現相談役)、社長張富士夫(現名誉会長)がひな壇に並んだ。

名古屋商工会議所の会頭、谷口清太郎(故人)はこの日、ひそかに行動を起こす。「次の会頭を磯村さんにお願いしたい」。豊田に電話をかけ、意中の人物の名を挙げる。当時六十六歳の副会頭でトヨタ副会長の磯村巌《いわお》(故人)。トヨタで長年、人事と労務を担当し、社長候補にも挙がった逸材だった。東海銀行や名古屋鉄道などの「五摂家《ごせっけ》」に配慮し、トヨタは名古屋財界で脇役に徹してきた。名商会頭は六二年から東海銀と名鉄が交互に務める「指定席」となっている。

七十六歳になる谷口は名鉄会長を辞めたばかりで、六年目の会頭職も退くつもりだった。だが後任選びは難航を極める。本来なら次の会頭を出すはずの東海銀は、不良債権問題で公的資金を受け入れたため、とても応じられない。瀧定など老舗企業の副会頭にも社内事情などを理由に断られていた。

谷口は、世界企業に成長したトヨタの力を肌で感じていた。「せっかく誘致した愛知万博を成功させるには誰が良いか。それを第一に考えていた」。名商で側近だった元常務理事の古橋利治(67)は証言する。豊田章一郎は万博を担う二〇〇五年日本国際博覧会協会の会長で、磯村が会頭に納まれば連携は強まる。

トヨタでは、奥田が日経連会長に就き、前年には中部国際空港会社の社長に平野幸久を送り込んだばかり。豊田は「すべてトヨタではバランスを欠く」と戒めていた。それを知るだけに、磯村の受諾は「難しい感触を持っていた」と、名鉄の秘書室長だった現社長の山本亜土（65）は振り返る。

谷口が豊田に磯村派遣を頼んだ一週間ほど後、トヨタ会長の奥田が谷口に面会を求める。返事と察した谷口は「こちらがうかがう」と伝える。奥田は「豊田から言われているので」と自ら名商に出向き、四階の役員室で谷口と向き合う。「磯村の人事、お受けします」。会談はすぐに終わった。

記者会見で熱く語る名古屋商工会議所会頭の磯村巌＝ 2000 年 12 月、名古屋市中区で

豊田は本紙の取材に、慣例を破っての会頭派遣を「ことの成り行きだった」と振り返る。自ら旗を振る万博に地元財界の協力は欠かせない。「万博を控えていたことが大きい。名誉会長に請われたら誰も断れない」と元トヨタ役員はみる。

八月五日、谷口は次期会頭を発表し「やれやれ、ほっとした」と心中を明かす。磯村は後日、記者団に「本当は受けたくなかった」とこぼすが、「ぐずぐず言っていられない」とすぐに気持ちを入れ替えていた。

翌二〇〇〇年三月、磯村は会頭に就く。予定調和で終えがちな常議員会で意見を求め、幹部や若手職員とは常に対話を心がけた。「何もしないで文句を言うな。責任は私が持つ」と励ます姿を古橋は思い出す。この年の暮れの会見では、万博や中部国際空港の二大事業で「中央の協力を得るには、この地域の熱意をどんどん表に出すことが必要だ」と、こぶしを握りながら熱く訴えた。

名古屋に力強い財界トップが生まれた。万博や空港開港を控え、困った時の「トヨタ頼み」の傾向が強まっていく。

4 万博誘致 無念晴らす

中部の政財界トップ七人の朝食会に七十人の報道陣が殺到した。一九八八年十月十八日朝、名古屋市中区の名古屋観光ホテル。愛知県知事の鈴木礼治が一週間前にぶち上げた愛知での万博構想を受け、名古屋商工会議所会頭の竹田弘太郎（故人）、中部経済連合会会長の田中精一（故人）らが丸く席を囲んだ。

「五輪に失敗した後、何か大きなイベントをやらないと、東京と大阪のはざまで沈没しかねない。

万博が最適と考えるがどうか」。鈴木が切り出す。八一年の名古屋五輪招致の失敗から七年。誰もが起死回生の策を望んでいた。「結構ですな」と出席者の声がそろう。二十一世紀初めての万博に向けて、官民挙げての誘致運動が始まった。

欧州や中東、東南アジアなどへと、日本支持を求める名商や中経連の派遣団は三十を超えた。各国の関心の的は日本企業の経済力。ポーランド経済相のカチマレクは、名商副会頭の佐伯進らとの会談で「日本企業によるポーランドへの投資の後押しをしてほしい」と求める。名商で誘致を担当した織田浩（48）は「どの国に行っても、日本開催支持の見返りに日本からの投資に対する期待を感じた」と語る。

特に世界が熱い視線を送ったのが、欧州第二工場構想を持つトヨタ自動車。「日本支持

カナダ・カルガリーの代表団と握手を交わす豊田章一郎（左）。左から２人目は愛知県知事の鈴木礼治＝ 1997 年６月、モナコで

と引き換えに工場進出を求める話は多く、現地駐在員が苦慮した」。トヨタから「21世紀万国博覧会全国推進協議会」に出向した荊木《いばらき》顕治（63）は証言する。

推進協議会の会長は、当初有力視されていたソニー会長の盛田昭夫（故人）が病に倒れ、トヨタ会長の豊田章一郎にお鉢が回る。九六年六月、豊田がパリに飛び、フランス大統領のシラクと会った。「日本も立候補しますから応援してください」。豊田が求めると、シラクは「愛知県の万博を支持する」と言い切る。

「この時、フランスの自動車業界に対する技術援助や日仏の文化交流の強化も要請されていた」。トヨタ出身で推進協議会の事務局長を務めた曽山幹也（71）が明かす。トヨタは翌年、フランス北部バランシエンヌでの工場建設を発表した。

「博覧会国際事務局（ＢＩＥ）本部を抱えるフランスは、最重要ターゲットだった。あれで潮目が変わった」。通産省の博覧会推進室長だった松尾隆之（57）は解説する。

その後、九五年に中経連会長になった安部浩平の働き掛けで、日本への投票が見込まれるカタールがＢＩＥに新たに加盟するなど、日本が優勢になる。しかしＢＩＥ総会での投票の二カ月前、ライバルのカナダ・カルガリーがカリブ海諸国を新規加盟させ、多数派工作をしていると分かる。日本側は危機感を募らせた。

中経連はＢＩＥ総会に出席する安部の帰りの航空券を、名古屋空港行きと関西空港行きの二枚用意する。中経連審議役の林雅人（63）は「負けた時、地元のマスコミ取材を避けるためだった」と明かす。九七年六月十二日、大型クルーザーが並ぶモナコ湾近くでＢＩＥ総会が始まった。「新しい地球創

造　自然の叡智《えいち》」をテーマにアピールした日本。その主な出席者として「トヨタモーターズ・オーナー」と紹介された豊田が最前列で立ち上がって応える。万雷の拍手が湧き起こり、トヨタの知名度の高さを物語った。

投票の結果、名古屋は「五十二票対二十七票」でカナダに圧勝し、十六年前の五輪誘致失敗の無念を晴らす。あの時、名古屋は韓国・ソウルに「五十二対二十七」で負けた。鈴木は「五輪の票の裏返し。因縁めいていた」と振り返る。

5　万博開幕へ波乱の道

ためらっている暇はなかった。一九九七年夏、東京・大手町の経団連会館。愛知万博の開催が決まった直後、通産省の万博担当審議官になった古田肇（現岐阜県知事）は、会長室に単身乗り込む。経団連会長でトヨタ自動車会長の豊田章一郎に、二〇〇五年日本国際博覧会協会の会長を頼むためだった。「会長就任をお願いします」。古田が切り出すと、万博誘致組織の会長も務めた豊田が応じる。「これはトヨタの万博ではない。国家事業で、私がお役に立つなら」。豊田は後日、通産相の堀内光雄に正式に受諾を伝える。「経団連会長で、地元のリーダー。誰が見ても会長は豊田さんだった」と古田は振り返る。

豊田は「自分のプライオリティーナンバーワン（最優先）は万博」と公言し、万博に関する本を読みまくる。名古屋観光ホテルで地元の政財界首脳と朝食会をたびたび開き、万博の課題について意見を交わした。

当時、愛知万博には逆風が吹き荒れていた。バブル崩壊後の不況が長引き「時代遅れ」「税金の無駄遣い」との批判にさらされた。

万博会場の候補地だった愛知県瀬戸市の海上《かいしょ》の森では、絶滅の恐れがあるオオタカが巣作りをしていたと分かる。ここでは万博終了後に宅地造成する計画もあった。九九年十一月、博覧会国際事務局（ＢＩＥ）議長のフィリプソンが来日し、「この計画が環境破壊につながる」との懸念を通産省に伝え、万博開催は危機に直面する。

通産相の深谷隆司は、県知事の神田真秋に計画見直しを求める。豊田にも電話をかけ「心配いりません」と伝えた。豊田は「苦労をかけますが、万事よろしくお願いします」と語る。七十八歳で自民党東京都連最高顧問の深谷は「豊田さんは器の大きい人で、どっしりと受け止めてくれた」と懐かしむ。

愛知万博の計画見直し案を発表する（左から）愛知県知事の神田、通産相の深谷、博覧会協会長の豊田＝2000年4月、東京・霞が関の通産省で

〇〇年四月四日、通産省で豊田と深谷、神田が会談し、会場の縮小と宅地造成計画の中止を決めた。神田は「環境面でも財政面でも、当初の計画では進めなかった」と振り返る。

なおも迷走は続く。「今の計画では集客力に乏しく赤字は必至」。〇一年三月に博覧会協会の最高顧問に就いた堺屋太一が批判を強めた。「一方的な見方。知恵を集め、魅力的な内容にすることで入場者数は伸ばせる」と神田が県議会で反論するなど、地元政財界との対立が深まる。

豊田は「堺屋さんは万博の成功に不可欠」とかばい、堺屋が辞表を提出してもなお慰留する。だが結局、対立は解けず、堺屋はわずか三カ月で辞任した。元名商常務理事の古橋利治（67）は「財界も不安だった。万博がつぶれたら中部国際空港はできない。中身はともあれ、万博が開かれることが重要だった」と当時の空気を語る。

古田ら万博関係者は、一連の混乱で遅れに遅れていた基本計画の取りまとめを急ピッチで進めた。「週三回ぐらい豊田会長に会った。『万博の件で』と言えば、すぐにアポが入った。会長は何とかこれを乗り越えようとしていた」と古田は振り返る。

問題が解決するたび、豊田はひそかに政治家らにお礼を言って回った。「豊田さんがトップで、官民が一つになれたことは大きかった」と神田は語る。一六年の東京五輪誘致に失敗した東京都知事の石原慎太郎は誘致活動中、神田に打ち明けた。「愛知万博の豊田さんのような人、これはという人がなかなか思い浮かばないんだわ」

メモ　**愛知万博の会場計画**　1994年6月、愛知県瀬戸市の海上の森約250ヘクタールを会場に、想定入場者4000万人の基本構想がまとまる。自然保護団体の反対を受け、95年12月に開発面積を縮小し想定入場者を2500万人に修正。97年に愛知万博の開催が決まるが、99年に海上の森でオオタカの営巣が確認されたため、愛知県は愛知青少年公園（今の同県長久手市）との分散開催を決定。2000年に国、県、博覧会協会が海上の森会場の大幅縮小で合意。01年に長久手、瀬戸の2会場で計173ヘクタール、想定入場者1500万人の基本計画が決まる。

6 万博「日々カイゼン」

仰天するような電話が警備室からかかってきた。二〇〇五年初夏、今の愛知県長久手市の愛知万博会場。「トヨダショウイチロウとおっしゃるお年寄りがここにおられるのですが。どうしたらいいでしょうか」

電話を受けた日本国際博覧会協会審議役の本庄孝志は「うちの会長だ。すぐに本館までご案内して」と叫び、スタッフを迎えに行かせた。博覧会協会の会長でトヨタ自動車名誉会長の豊田章一郎が、マイカーで西ゲート近くのスタッフ専用入り口に入ろうとしていた。休日のお忍び訪問だった。豊田は「ちょっと気になったから来たんだよ。あんたたちに迷惑はかけないから」と話し、会場を見ると引き揚げた。本庄は「自宅にいても気になったのだろう。誘致から十年越しでやっていたから」と振り返る。

豊田は三月の開幕後、ほぼ毎日、会場を訪れた。特に注目したのは人の流れや車の渋滞ぶり。各国のＶＩＰを案内するルートは、必ず事前に確認した。「安全へのこだわりが強かった」と本庄。元トヨタ役員は「万博は一日一日の積み重ね。百八十五日間、人々にどう安全に快適に過ごしてもらうかに気を配っていた」と語る。

ピーク時には一日に二十八万人が詰め掛けた愛知万博。大混雑する会場で、ひとつ間違えば大事故が起きないとも限らない。安全と快適さを、博覧会協会は「日々カイゼン」で磨いた。

始まりは、開幕を二日後に控えた三月二十三日の記者会見にさかのぼる。

直前に三日間開いた内覧会で、会場は大混乱に陥った。名古屋市営地下鉄東山線の終点・藤が丘駅と万博会場を結ぶリニモは大混雑し、重量超過で停止するトラブルまで起きる。会場入り口も長蛇の列で、持ち込み禁止のため来場者が捨てた弁当が山積みになった。

「どうするのか」。記者たちに詰め寄られた博覧会協会事務総長の中村利雄は、とっさに「これから日々改善します」と返した。「トヨタのカイゼンが頭にあった。万博は想定通りにはいかない。もう改善していくしかないと思った」と振り返る。

暑さ対策の日よけテント、ミネラルウオーターの無料提供、トイレの増設…。改善は閉幕が迫る九月に入っても続いた。博覧会協会事務次長だった井奥博之（72）は「昨日より今日、今日より明日という気持ちでやった」と当時を思い出す。

定例会見で、中村は記者たちに「指摘してもらえれば、すぐ直します」と強調した。会場には投書箱が置かれ、ラジオの専用放送では「悪いところはすぐ直すそうだ。みんなどんどん言おう」と流れる。リピーター客はどんどん増えた。

会場には各国のＶＩＰも大勢訪れた。ホスト役の豊田はカナダ、南アフリカ、中国など各国のナショナルデーに率先して出席した。「ほかの協会副会長より出席回数が圧倒的に多かった」と本庄は言う。名古屋商工会議所会頭の箕浦宗吉ら中部財界首脳も、連日の催しでＶＩＰをもてなした。

万博の盛り上がりは、思わぬ波紋を広げた。「総理が会期を延長してほしいと言っている」。閉幕の前日、経済産業省経由で博覧会協会に打診があった。しかし豊田は「会期は国際約束」と、首相の小泉純一郎の要請を断る。「そういう声が出たのはうれしかったと思う」と本庄は言う。

九月二十五日、愛知万博は閉幕する。豊田は、会見

超電導リニア館にやって来たモリゾーとキッコロと記念写真を撮影しようと殺到する来場者＝2005年6月、愛知万博長久手会場で

で「開幕後も速やかな日々改善が良い結果につながった」と語る。主会場が海上の森から愛知青少年公園に変わるなど数々の混乱を念頭に「紆余《うよ》曲折があったけど、みんなよくやってくれた」とスタッフを何度もねぎらった。

メモ **愛知万博（愛・地球博）**「自然の叡智《えいち》」をテーマに、2005年3月25日から9月25日までの185日間、愛知青少年公園（今の愛知県長久手市）を主会場に開かれた。日本では1970年の大阪万博以来となる総合的な国際博覧会。121カ国、4国際機関が参加した。入場者数は目標の1500万人を上回る約2200万人。ロボットが競演するトヨタグループ館、冷凍マンモスの展示、「サツキとメイの家」、無人バス「IMTS」などが話題を呼んだ。

第九章

豊田英二氏、百歳で死去

トヨタ自動車「中興の祖」と呼ばれる豊田英二が 2013 年 9 月 17 日、100 歳で逝去した。トヨタ創生期から、いとこで創業者の豊田喜一郎と苦楽をともにし、数々の決断でトヨタが世界に飛躍する礎を築く。その人生を、中日新聞に載った関連記事で振り返る。

1「世界のトヨタ」育てる

（二〇一三年九月十七日夕刊）

人生を車一筋にささげ、トヨタ自動車グループの象徴的な存在だったトヨタ最高顧問、豊田英二氏が亡くなった。生産現場と「クルマ」への深い愛情を持ち続け、トヨタを世界有数の企業に育て上げた英二氏。そのスタイルはトヨタの社風そのものとなり、今も脈々と息づいている。

生家は現在の名古屋市西区堀端町の織布工場の中にあった。スチームエンジンのかまで水あか落としをし、工員と一緒に鉱石ラジオを作るなど、機械いじりを身近なものとして育った。「工場は遊び場であり、勉強の場だった」

東京帝国大（現東京大）工学部機械工学科の卒業に当たって、恩師は就職先に日立製作所を推薦しようとした。しかし、トヨタの創業者でいとこの故豊田喜一郎氏が「英二はおれがもらう」。この一言で、自動車とともに歩む人生が始まった。

豊田自動織機製作所に入り、早朝から深夜まで車や航空機の研究にふけった。一九三八年の挙母《ころも》工場（現本社工場、愛知県豊田市）操業にあたっては、機械の据え付けからかかわり、トヨタマンから「英二さんは工場のボルト一本まで知っている」との声が上がった。

豊田英二氏＝1994年7月、愛知県豊田市のトヨタ自動車で

一方、トヨタの大番頭と呼ばれた故石田退三社長からも「いつも作業服に着替え、工場をよく見て歩いていた。いとも気軽にこまめにやっておった。工場に立っている木一本まで知っとる」と評された。

経営トップ、従業員の双方から厚い信頼を得た英二氏は「喜一郎氏と並ぶ事実上のトヨタの創業者」と称され、その後のトヨタグループ発展を支える強い求心力であり続けた。

自動車に対する情熱は終生衰えず、会長になっても豊田市内の自宅から本社までトヨタの新車を自ら運転して通った。

名誉会長に退いた後も、名古屋市内で行われるトヨタの新車発表会には顔を出し続けた。自分から見ればひ孫のような年齢の記者と一緒に車に乗り込み、人懐っこい笑顔で「これは空間を売る車だなあ」などと無邪気な車談議にふけった。

「好きなところへ人を運び、不要なときはポケットにしまえる、孫悟空の『きんと雲』のような車」―。そんな車をつくれないかと、最後までロマンを追い求めた。

（大橋洋一郎）

2 晩年まで情熱不変

（二〇一三年九月十七日夕刊）

晩年の豊田英二氏は車いす中心の生活で、耳は聞こえにくくなっていたが、節目では豊田章男社長の相談にも乗り、最高顧問としての存在感を示していた。親族や秘書らを通じ、トヨタ関連の情報に熱心に耳を傾けていた。

英二氏はトヨタが運営するトヨタ記念病院（愛知県豊田市）で療養生活を送っていた。九十歳代前半までは、病院でも自室横の応接室で接客に応じ、公務をこなしていた。「こんな体たらくですわ！」と開口一番、笑顔で言い放ち、客を驚かせたことも。近しい人には新聞の記事を読み上げてもらい、特にトヨタの記事に強い関心をみせていた。

耳が遠くなるにつれ、面会は親族中心となった。それでも最近まで肉料理を好み、数字パズルの「数独」を楽しむなど頭の体操も怠らなかった。

三男の豊田周平氏（トヨタ紡織社長）らが訪れると、両手を動かしにくいため「ちょっと手伝ってくれ」とパズルに代筆させ、解を求めることもあった。

二〇一一年には白寿（数えで九十九歳）を記念し、親しい人に向けて写真集を作った。タイトルは

「一」。

「何を始めるにしてもまずは一から。最初が肝心。ものごとの根源」と説明。「満足な人生を送ったと思うようになったら、その時が終わり。私もすでに九十九歳ですが、人間も企業も前を向いて歩けなくなった時が終わりである」と記した。

一九九九年九月二十四日、名古屋市西区の産業技術記念館で開かれた十一代目「クラウン」の発表会で、つえを片手に、当時の奥田碩《ひろし》会長とお披露目に臨んだ。

五五年発売の初代クラウン開発では専務として指揮を執り、第一号車出荷式でハンドルを握った英二氏。十一代目の出来栄えに「満点とは言えないが、クラウンらしい車ができた」と合格点を与えた。

翌二〇〇〇年三月四日、豊田市制四十九周年式典に出席し名誉市民章を受けた。車いす姿で長男の妻彬子《あきこ》さんと出席し、「豊田市には今後も、ものづくりの旗手として頑張ってほしい」と謝辞を述べた。

3「ボルト1本まで知っている」

（二〇一三年九月十八日朝刊）

豊田英二氏の生涯は、トヨタの歩みそのものと核心部分で重なる。大学を出た一九三六年にすぐ入社し、そのまま経営の中枢を歩んだ。根っからの技術者であり、徹底した現場・現物主義、恐るべき記憶力。「英二さんは工場のボルト一本まで知っている」。それは伝説ではなく真実だと、真顔で語る社員さえいた。

しかも英二氏は社長を終えるまで、そうした体験や哲学を外向けに語ることはまれだった。豊田家には「雑談に益なし」という家訓もある。このため社外からは「黙して語らない勇者」「工場の申し子」といった呼ばれ方も多かった。

ホンダの創業者、故本田宗一郎氏と比較されることも多い。ともに「日本自動車産業のカリスマ的経営者」だが、本田氏が自らを語ることでも天性のスター性を発揮したのと比べ、英二氏は地味だった。良くも悪くも、この性格はトヨタの遺伝子となり、強さの源泉ともなった。

名誉会長だった一九九四年夏には、二時間近く話を聞く機会があった。「モノづくりの危機」を尋ねると、英二氏は右手人さし指をテーブルの上に乗せ、表面を軽くなでながらこう話した。

「指でこう、すーっとやって、凹凸がどのくらいあるかというのは、練習するとね、百分の一ミリくらいはわかるようになる。コンピューターでは数字が出てくるだけ。数字はモノじゃない」

当時すでに八十歳。なのに幼いころ通りから見つめた町工場の様子も鮮やかに覚えていた。おけ、大八車、板チョコ、あめ玉、帽子、せっけん…。「どれも面白かったなあ」「今はモノはわかっても、つくることがわからない。つくることがわからなきゃ、モノはできてこないよ」。口調は柔らかいが、危機感にあふれていた。

「おまえも技術者なら、おれと一緒にいい夢を見ないか」。英二氏を車づくりに誘ったのは、トヨタ創業者でいとこの喜一郎氏。二人はいま天国で何を語らっているだろうか。英二氏が理想とした車「孫悟空のきんと雲」に乗り、〝夢の続き〟を心配そうに眺めているに違いない。

（元経済部長・団野誠）

4 将来見据え次々英断

（二〇一三年九月十八日朝刊）

トヨタは、豊田英二氏が進めた組織固めによって飛躍的に発展した。中でも、国内初の乗用車専門の量産工場である元町工場（豊田市）の新設と、生産、販売の別会社を一つにまとめた「工販合併」は、車づくりの将来を見据えた英断だった。

■元町工場

「日本にも本格的なモータリゼーションの波が来る」。専務だった英二氏の〝直感〟で一九五九年に完成したのが元町工場だ。五五年ごろからタクシーや法人需要が増えて国内自動車市場は盛り上がり、挙母工場だけでは限界という事情もあった。

しかし、当時のトヨタは経営危機から何とか立ち直ってわずか五年。新工場がお荷物になれば、今度こそ倒産は必至という厳しい状況でもあった。トヨタの月間販売台数がまだ二千台そこそこだった当時、英二氏は当時の石田退三社長に月産五千台の量産工場建設を提案した。

英二氏の読みは的中し、元町工場はモータリゼーション到来を告げる歴史的な工場となる。「本当は最初から月産一万台と言いたかったが、あまりにもべらぼうだから」。英二氏は後にこう漏らしているが、他社に先んじた積極的な投資は、今日の盤石な経営体質へとつながった。

■工販合併

戦後混乱期の五〇年、経営破綻寸前まで追い込まれたトヨタが、金融界からの支援と引き換えに要請されたのが、生産部門と販売部門を切り離す工販分離。トヨタはトヨタ自動車工業とトヨタ自動車販売の二社に分割された。

創業当時からトヨタに携わってきた英二氏にとって、分割は「生木を裂かれる思い」だった。トヨタ二社は高度経済成長の波に乗り共に発展していったが、両社の間には意思疎通などで徐々に溝が目立つようになり、完全な別会社のような関係になっていった。

「豊田佐吉、喜一郎の創業精神が忘れ去られてしまう。本来の姿に戻さなければ…」。英二氏は危機感を抱きながら「機が熟す」のを約三十年間待った。そして、自工の豊田章一郎副社長（現トヨタ名誉会長）を自販社長に就任させる「融和人事」をした上で、約一年後の八二年七月、章一郎氏を新生トヨタ初代社長とする念願の工販合併にこぎつけた。英二氏が言う「トヨタの戦後」はやっと終わり、組織固めをしたトヨタは本格的な飛躍の時代に突入していった。

5 GM合弁　北米に礎

（二〇一三年九月十八日朝刊）

豊田英二氏は、一九四五年から九四年までほぼ半世紀にわたりトヨタの取締役を務め、社長としても約十五年間在任した。会長時代の八四年には、米最大手ゼネラル・モーターズ（GM）と組んで米国現地生産を決断、「世界のトヨタ」といわれる隆盛の礎を固めた。

二〇〇九年夏、英二氏は療養中の豊田市内の病院でトヨタの豊田章男社長を迎えた。GMがリーマン・ショックのあおりで経営破綻。そのGMとの米カリフォルニア州の合弁生産会社「NUMMI」（ヌーミー）閉鎖に向けた相談だった。

トヨタにとっては合弁事業とはいえ、異例の工場閉鎖となる。英二氏は黙って章男社長の報告を聞き終えると、机にいつも飾っていた一本のボールペンを手に取った。NUMMI調印に使ったペンだった。「すべては任せた」というメッセージだった。

その後、米国でトヨタの大規模リコール問題が発生。一〇年二月、章男社長が米議会公聴会に呼ばれると、英二氏は新聞記事の読み聞かせに耳を傾け、テレビニュースに見入ることもあった。

トヨタの売り上げの約三割を占め、国内に次ぐ屋台骨となっている北米市場。初の現地生産はNUMMIだった。英二氏は日米貿易摩擦が激化していた一九八四年、打開策としてライバルだったGMと手を組み、NUMMI設立に踏み切った。

当時、米国では増え続ける輸入日本車への反発が高まり、トヨタは現地生産を計画。GMも不得意な小型車への進出を狙い、ノウハウを求めていた。政治的な圧力も背景に、両者の思惑は合弁に向け一致しつつあった。

ただ、合弁の候補地は、老朽化したGMの工場。戦闘的な全米自動車労働組合（UAW）とどう向き合うのかも重い課題だった。

懸念を払いのけ、英二氏は合弁にゴーサインを出した。「米トップメーカーのGMに『仁義』を切って、無用な反発を避ける」。協調姿勢こそが大切

1984年4月、合弁事業成功に向けて握手を交わす（左から）豊田章一郎トヨタ社長（当時）、ロジャー・スミスGM会長（同）と豊田英二トヨタ会長（同）＝名古屋市のホテルナゴヤキャッスルで

だった。

トヨタは英二氏の思い通り、ＮＵＭＭＩでの経験を生かして「トヨタ生産方式」を北米に植え付けた。八八年から米ケンタッキー工場、カナダ工場などを続々と立ち上げ、その後もテキサス、ミシシッピの新工場で操業を始めた。北米はトヨタにとって、年間約二百五十万台を販売する巨大市場であるとともに、約百七十万台を造る一大生産拠点に育った。

6 語録で悼む豊田英二氏

（二〇一三年九月十八日朝刊）

豊田英二氏は、技術者としてモノづくりに徹底してこだわり、経営トップの立場では貿易摩擦やトヨタ自動車工業とトヨタ自動車販売の合併など、社内外の難題に正面から取り組んだ。「興味の尽きないチャレンジングな日々の連続」。生涯の節目で語る言葉は、常に前向きだった。

「今のトヨタは壊れかかった船のようなものだから、誰かに海に飛び込んでもらわないと沈んでしまう。だから人員整理を認めてほしい」（一九五〇年の労働争議で）

「たいしたことはねえですな。トヨタの知らないことはやっていない」

「豊かなアメリカ人が一生懸命働いているのに、貧乏な日本人が怠けていては永久に追いつかない」（五〇年の米国フォード・モーター視察を終えて）

「クラウンを自分の手でつくった。他社が海外メーカーの力を借りてやっていた時にトヨタは自分の力でやり、これが評判をとった。トヨタの発展はクラウンにあった」（五五年に発売したクラウンについて、自著「決断」から）

「役所からやめろと言われるゆえんはない。トヨタは通産の反対があっても売り出す」（五七年、ディーゼル車発売を思いとどまるよう通商産業省＝現経済産業省＝から指導を受けて）

「貿易摩擦は競争して商売している以上、常につきまとう。摩擦がなくなるということは、どちらかが100%負けるということだ」（五八年から始まった対米輸出について「決断」から）

「豊田家の人間だから社長になれたかどうか知らんが、私としては適任だから選ばれたのだと思う」（六七年、トヨタ自動車工業社長就任の記者会見で）

「人間がものをつくるのだから、人をつくらなければ仕事も始まらない」（六九年、社内に組織

改革で教育部を新設して）

「大所高所というが、あまり高くて落っこちてもいけない。しかし地球全体を見渡せる程度の高さでないと。自分は人工衛星になって見守る」（九二年、名誉会長に就任して）

「昔かたぎのものづくりは、お客さまのためにならないものはつくらなかった」「コストダウンはものづくりを根本から追究することによって生まれる、という当たり前のことをしっかりやることだと思う」（九三年、東海協豊会五十周年の講演で）

「孫悟空のきんと雲のような車を誰かつくる人が出てこないかと期待している」（九四年、産業技術記念館で開いたシンポジウムの基調講演で）

皇太子ご夫妻（当時）に工場を案内する（右端）＝1983年8月、愛知県田原市のトヨタ田原工場で

「ものづくりというとものにウエートがあるが、私は、つくる方がもっと大事と感じておる。それをつくるところにノウハウがある」「ものをつくることがわからなきゃあ、ものはできてこない」（九四年、中日新聞のインタビューに答えて）

「極東の日本にトヨタ自動車が誕生して五十七年間。私はこのすばらしい自動車産業に携わってきたが、それは興味の尽きることのないチャレンジングな日々の連続だった」（九四年、米自動車殿堂入りの栄誉授与式で）

「子どものころは、おけやちょうちん、鍛冶、傘、ガラス瓶、あめ玉など、店先でものをつくっているところを何時間でも見ていた。見ていると、いろんなことがわかってくる。ものづくりのプロになるために、できるだけ見て歩くくせをつけてほしい」（九七年、名古屋大での講演で）

ゴルバチョフソ連大統領（中央）を迎え、歓迎の握手＝
1992年4月、愛知県豊田市のトヨタ会館前で

「わかってくれると思う人間だからいろいろ言うんだ。そうじゃない者には頼まんよ」（九八年、クラウン開発時に『大事なところは自分の手を汚してつくれ』と部下に話したエピソードを取材した際、記者に）

「一つのところが引っ張っていくようなことはよくない。みんなが協力し合って応分のことはやらんといかん」（九九年、トヨタ関係者が中部地方の財界などの主要ポストを独占する形になったことについて聞かれて）

奥田碩トヨタ会長（左）とともに新型クラウンを発表する＝
1999年9月、名古屋市の産業技術記念館で

トヨタ初の量産乗用車「ＡＡ型」と記念写真＝ 1988 年 3 月、
愛知県豊田市のトヨタ本社前で（白寿記念写真集から）

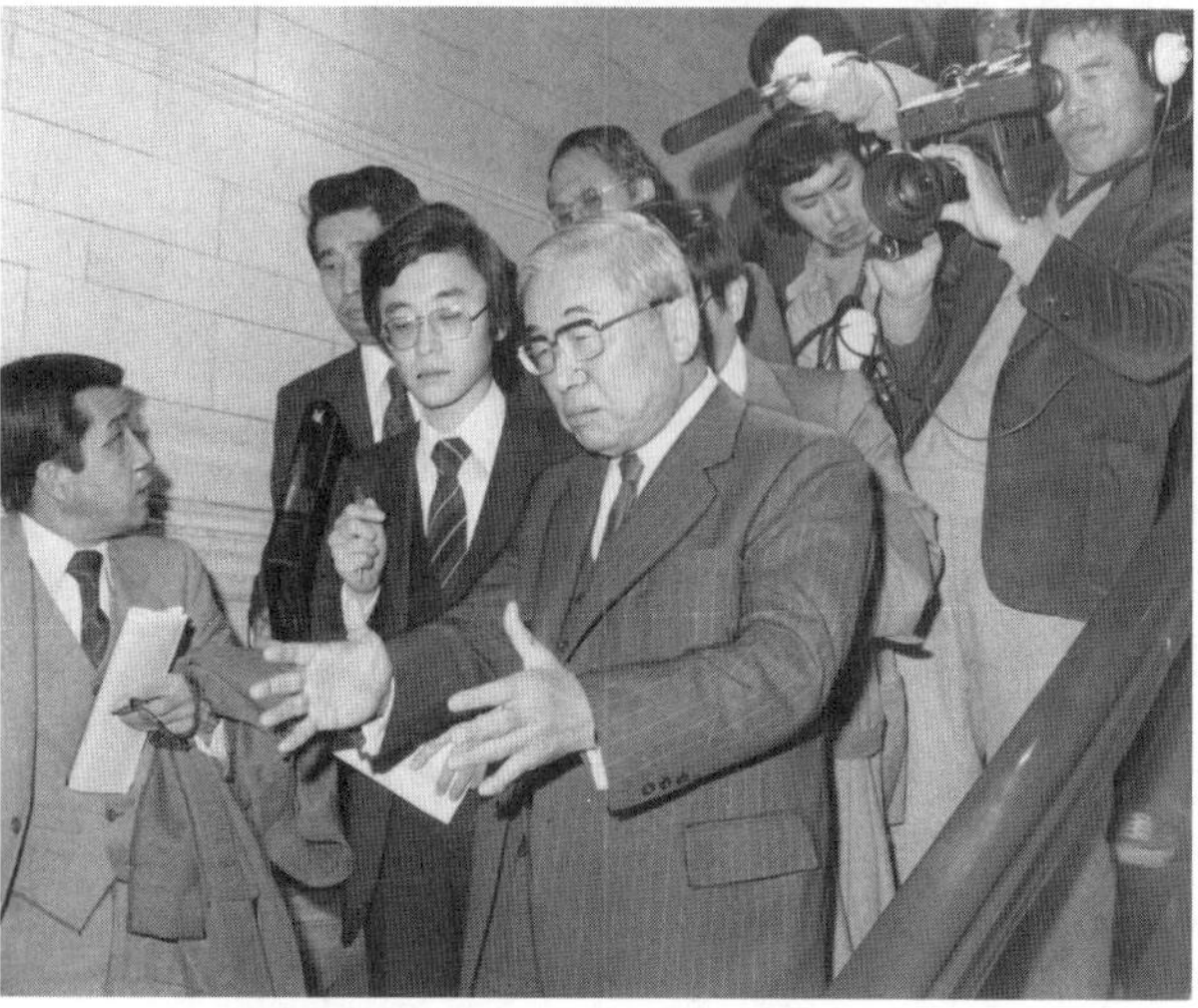

工販合併の記者会見後、報道陣の質問攻めに遭う＝
1982 年 1 月、名古屋市の名古屋観光ホテルで

7 しのぶ言葉　続々と

（二〇一三年十一月二十六日朝刊）

トヨタ「中興の祖」に、グループ幹部や政財界の重鎮ら三千百人が別れを告げた。二〇一三年十一月二十五日、冷たい雨の降る名古屋市内であった故豊田英二氏のお別れの会。参列者は、故人が自動車産業史に残した大きな足跡をあらためて胸に刻んだ。

お別れの会の委員長を務めた張富士夫トヨタ名誉会長は、一九八二（昭和五十七）年にトヨタ自動車工業とトヨタ自動車販売が合併しトヨタ自動車となる際、英二氏が命じた物流部門の創設をあいさつで取り上げた。

当時、張氏らは物流に関係する車両置き場や部品倉庫をひたすら観察して多くの不備に気付く。「改善の余地がたくさんありました」と報告すると、英二氏は「やっと分かったか」と返した。

多くを語らず難しい課題を与え、必死に考えさせた英二氏。終戦直後、最初に手掛けた生産性向上の仕事も物流の改善だった。後に知った張氏は「トヨタ生産方式がより身近に感じられるようになった」と語った。

英二氏の長男でアイシン精機会長の豊田幹司郎氏は、幼いころ地元の鍛冶屋に立ち寄った思い出に触れた。「あれがふいご。ああやって空気を送ると温度が上がるんだ」。英二氏はトヨタ流の現地現物で説明した。「本人が冗談めかして言っていた目標の百歳を達成して旅立った」と周囲に感謝した。

英二氏の足跡を振り返る映像も流れ、晩年の声が会場に響いた。「ものづくりの主役は人間。携わる人が創造的に研さんを積み、試行錯誤を繰り返した経験を蓄積し、次のものづくりを担う人に継承することが大事だ」

会には寛仁親王妃信子さまが参列され、小泉純一郎元首相、米倉弘昌経団連会長らも献花した。スズキの鈴木修会長兼社長（83）は「お世話になりっぱなし。その一言に尽きる。特に一九七〇年代の排ガス規制問題では助けてもらった」。名古屋商工会議所の岡谷篤一会頭（69）は「父が高校で同級生だった縁もあり、若いころから声を掛けていただいた」と思い出を口にした。

安倍晋三首相の弔電　世界のトヨタの誕生、日本の高度成長を象徴する類いまれな成功は、豊田英二さんの存在なくしては生まれなかった。いかなる成功にも満足することなくチャレンジし続けた精神、現場をこよなく愛し日本のものづくりの底力を信じてやまない心。豊田さんを失ったことは国家的な損失であり、悔やまれてなりません。日本全体が大きな岐路にある今、私たちが前を向き、自ら道を切り開いていく。それが遺志を受け継ぐ道であります。

8 疾風に勁草を知る

（二〇一三年十一月二十六日朝刊）

豊田章一郎・トヨタ名誉会長「送る言葉」全文

英二さん。とうとう永遠のお別れを申し上げなければならない時が来ました。いかに満百歳の天寿をまっとうされたとはいえ、私にとって英二さんはものづくりや経営、人生の最も尊敬する師であり、常に私の心の支えでした。このたびの突然のご逝去の報に接し、誠に痛惜限りない思いです。

あなたと私は年が十二歳離れており、私は親しい兄と思い今日まで過ごしてきました。英二さんは私の父の喜一郎の勧めで、大学を卒業後、一九三六（昭和十一）年四月に豊田自動織機製作所（現豊田自動織機）の自動車部に入社されました。あなたの最初の仕事は東京の芝浦に、自動車研究所をつくることでした。ちょうど本郷曙町に引っ越した私たちの家に下宿され、研究所に通われました。多忙な父に代わり、私の中学校の入学式にも出席していただきました。

私が大学生の時には、夏休みなどに英二さんのお宅にお世話になり、トヨタ自動車の各工場で実習しました。終戦前日の八月十四日、Ｂ29の爆弾の一つが、私が一週間ほど前まで実習していた鋳物工場に落ちた。空襲警報が出ており、従業員全員は工場の外に疎開しており、幸い死傷者は出ませんでしたが、今でも思い出します。

昭和二十七年三月二十七日に（トヨタ自動車工業の）社長復帰が決まっていた父が急逝しました。その時、私は愛知工業でミシン造りの実習中で、米国オハイオ州のアルミダイカストマシン工場に行く予定でしたが、それもできなくなり、石田退三社長と英二さんから、入社を強く要請され、七月からトヨタ自動車工業に入社しました。

「クレーム室に行って、返却されたクレーム品をしっかり見てきなさい」。あなたの言葉を今でも鮮明に覚えております。寡黙なあなたは常に実行で範を示される方でした。技術部や工場、そしてグループ企業や仕入れ先さんにいつも足を運ばれ、クルマも納得いくまで徹底的に試乗した。あなたの姿を見ながら、現地現物のものづくりの大切さを学ばせていただきました。

英二さん。あなたは、戦後、資金難からトヨタが倒産の危機にひんし、工販分離や大量の人員整理

豊田英二氏のお別れの会で献花する豊田章一郎トヨタ自動車名誉会長＝名古屋市内のホテルで

をせざるをえなくなった苦しい時代を身をもって経験されました。その後、朝鮮戦争の特需で立ち直ったトヨタにあって、ＧＭやフォードに負けないような国産自動車を日本人の頭と腕で造って国民に供給するという創業者豊田喜一郎の夢や志、ものづくりの姿勢をしっかり受け継ぎ、背水の陣のもとに、昭和三十年にクラウン、三十二年にコロナと次々に純国産乗用車を実現していかれた。

三十四年に建設した本格的な乗用車専門の元町工場で、後に私どもは国内メーカーの中で頭一つ抜け出すことになりました。工場の建設は早くからあなたが進言され、石田さんの決断で決まりました。あなたの先見の明のすばらしさとともに、工場の建設委員長を命ぜられた私も欧州に勉強に行き、仏ルノーの最新鋭工場を参考に、英二さんの期待に応えるべく、日夜寝食を忘れて、新工場の建設に取り組んだ日々が懐かしく思い出される。

経営の陣頭指揮を執られたあなたには、労使問題、貿易・資本の自由化、円高、オイルショック、世界一厳しい日本の排ガス規制、そして貿易通商摩擦など、次々と難題が降りかかってきました。いずれも一つ対応を間違えれば、足をすくわれかねないものでございました。あなたは、これらを成長飛躍の機会ととらえ、労使の相互信頼の確立をはじめ、品質、技術、原価、それを担う人材育成の面で、しっかりと足元を固めながら、難局に果敢に挑戦され、その都度、新たな道を切り開き、私どもの経営基盤をより強固で盤石なものとしてこられた。

資本の自由化の迫る中で日本の企業として決して早いとはいえないデミング賞への全社挙げての挑戦を決めたのは、英二さんの「だまされたと思ってやってみよ」という鶴の一声でした。オールトヨタで品質保証をかかげ、日本のモータリゼーションをけん引するカローラの発表と、その後の二百万台生産体制の早期確立への取り組みは、質と量を両立し、自動車メーカーとしての基盤を確固たるものとする挑戦でした。

さらに、オイルショック、排出ガス規制という未曽有の危機の中で、環境と省エネを両立し一段の性能アップを目指した車づくりの挑戦は、トヨタのクルマの国際競争力のいっそうの向上とともに、今日の環境、エネルギーや安心安全の問題を、新たな飛躍の契機ととらえる企業姿勢につながりました。

難局に総力を結集して挑戦していく中で、長年培ってきた労使相互信頼の絆、そして私どもと仕入れ先さん、販売店さんとの三位一体の絆はより強く固いものとなりました。「疾風《しっぷう》に勁草《けいそう》を知る」。この時のあなたの言葉は、今も私の心に響く言葉であります。

あなたは三河の地から、常に世界の中のニッポン、世界の中のトヨタ、という視点で広く高く考える経営者でございました。現地生産など、新たな海外事業の発展、展開が重要性を増した昭和五十七年、工販合併に踏み切られました。トヨタの戦後に終止符をうち、一段と激しさを増す国際競争の中で生き残りをかけ、一丸となって努力し、未来を切り開いていこうという、あなたの固い決意の表れだった。五十八年に競争と協調の考えにたち、決断したＧＭとの合弁事業は、労使間慣行や制度の異なる米国で、私どものやり方が通用するか新たな挑戦だった。

あなたは米国の経済の発展に貢献することを胸に、ＧＭトップや現地従業員、地域との固い信頼関係を構築されながら、しっかりと私どもの生産方式の定着を図っていきました。私どもは、これを取り組みの原点として、今日まで世界各地で事業を展開し、私どもの生産方式もリーン生産方式として、広く世界で市民権を得るまでになりました。私も英二さんの後をうけ、路線を踏襲し、さらに発展をすることに微力をつくしてまいりました。

英二さん。あなたは今日のトヨタグループの発展の礎を築かれた最大の功労者です。あなたの志と心、企業家精神は歴代のトヨタグループの経営幹部に受け継がれていると確信しています。いつも「成績表を付けるのはまだ早い」「絶えず前を向いて歩く」と語っていた英二さんの夢のクルマは、孫悟空のきんと雲でした。英二さんの高邁《こうまい》な志、高い理想、そして、ものづくりは人づくりの信念、情熱を次世代に確実に引き継いでいくこと。これが、あなたから直接温かい薫陶を受けた私の役割であると思っております。最後にそれをお誓いし、生前のご功績をたたえるとともに、心からご冥福をお祈りし、ここに謹んでお別れの言葉とさせていただきます。

本当に長い間、ありがとうございました。どうぞ、安らかにお休みください。

※疾風に勁草を知る＝吹き荒れる風の中でこそ本当に強い草が分かる、の意

9 開発指揮　愛着深く

（二〇一四年九月十七日朝刊）

トヨタ最高顧問、豊田英二さんが死去してから満一年。国産初の本格的乗用車として開発を指揮した「クラウン」にずっと思いをはせ、亡くなる直前まで「目と口は丈夫」と訪問客に応じていた晩年の英二さんの様子が、関係者の証言で明らかになった。

「クラウンのことを今から言うので書きとめてほしい」。英二さんは亡くなる三年ほど前、療養生活を送るトヨタ記念病院で長男の妻彬子さんに頼んだ。夕食を終えてテレビを見ていた時だ。「輸出できるようになったことがとてもうれしかった」と、思い出しながら一時間ほど語り続けた。

クラウンは誕生から三年後の一九五八（昭和三十三）年に米国に輸出されたが、馬力不足で高速道路を走れず失敗に終わる。「挑戦したからこそ多くを学び、その結果が（小型セダンの）コロナの成功に結びついた」。生前に残した言葉からも、こだわりの強さがうかがえる。

自分で筆を持てるうちは、便箋の裏などに部品の図面をよく描いていた。考えては描き、また考える。技術者としての探求心は家族らを驚かせた。

昨年六月、グループ企業の首脳が訪ねると、英二さんは「耳は遠くなったが、神様が目と口は丈夫につくってくれたから」と冗舌に語った。

関係者によると、英二さんはいつも食事を気にかけ、好んだ肉料理を食べると「筋力の維持にはタンパク質が必要。きょうはたくさん取れた」と満足げ。車いす生活中心の体の衰えを自覚しながら、手足を動かすリハビリにも励んだ。

目標としていた百歳の誕生日は、病院のベッドで迎えた。このころ昏睡状態に陥りがちだった英二さんに、親族らが「ハッピィー・バースデー・トゥ・ユー」と、静かに歌って祝った。

すると、意識を失っていたかに見えた英二氏の目から、一筋の涙がこぼれた。「ありがとう」。はっきりと声には出ないが、かすかに動いたくちびるがそう発していた。それが最後の言葉となった。他界したのは、その五日後だった。

1987年11月、完全復元した市販第１号の「ＡＡ型乗用車」に顔をほころばせる豊田英二さん＝愛知県豊田市で

10 ボートで自ら取引先に物資

（二〇一四年九月十七日朝刊）

豊田英二さんは戦後間もなくトヨタ自動車で経営危機を体験した際、現金払いを求めず部品納入を続けた取引先への恩義を終生忘れなかった。

一九五九年九月の伊勢湾台風では、浸水した名古屋市臨海部の水が数日たっても引かず、当時専務だった英二さんはボートをこいで米などの救援物資を届けた。工場一階が水没した取引先の設備メーカー、高津製作所（同市港区）に、そんな逸話が残されている。さらに操業再開までの同社従業員の暮らしを案じ、トヨタの工場や関連企業で一時的に受け入れたという。

11 クラウン還暦　14代

（二〇一五年一月八日朝刊）

トヨタの高級セダン「クラウン」が一九五五年一月の誕生から満六十年を迎えた。国産初の本格的乗用車として世に出てから、現在の十四代目までの累計生産は昨年十一月末で六百四十三万台に上る。創業者豊田喜一郎氏の「日本人の頭と腕で国産車を造りたい」という遺志を継ぎ、いとこの豊田英二氏が心血を注いで開発を指示し、発展させた。

開発が始まったのは五二年一月。戦後も朝鮮戦争の特需で軍用トラック生産が優先されてきたが、ようやく国民の生活のための乗用車の開発に注力できるようになった。日産自動車などが海外メーカーと提携したのに対し、トヨタは純国産にこだわり、喜一郎氏のいとこの豊田英二氏が開発を指示した。

喜一郎氏は、英語で王冠を意味する「クラウン」を車名に決めていたが、開発が始まって間もなく急逝した。試作に携わった板倉鉦《せい》二《じ》さん（90）＝豊田市＝は試作車が完成したころの会合で、英二氏が「この車で喜一郎さんを東京へ連れて行きたかった」と涙を落としたのを覚えている。「その場にいたみんなが、英二さんと同じ気持ちだった」と振り返る。

五五年一月一日、豊田市のトヨタ本社で出荷式があり、英二氏がハンドルを握った。七日には東京都内で店頭発表会も開かれた。快調な売れ行きをみて英二氏は、本社近くに月産一万台の大規模工場を構想する。喜一郎氏の長男で現名誉会長の章一郎氏（89）が建設委員長となって五九年、元町工場を完成させる。トヨタは国内トップの自動車メーカーとしての地位を確立した。

高度経済成長の波に乗り、八三年登場の七代目は「いつかはクラウン」のキャッチコピーで、サラリーマンのあこがれの車として定着する。バブル期の九〇年には過去最多の年間二十万台を販売した。十二代目の通称「ゼロクラウン」の開発を担当した加藤光久副社長（61）は「クラウンは車両開発の手法でもトヨタの原点となった」と語る。初代クラウンで英二氏は、開発責任者の中村健也氏（故人）に「主査」という肩書を与える。顧客想定や車両仕様、価格といった権限を集中させて、まとめ上げた。この主査制度は今も多くのメーカーの新車開発で手本となっている。

二〇〇五年には海外向け高級ブランド「レクサス」が国内に投入される。それでもクラウンは、日本人の体格と狭い道に合った国内専用車として存在感を保った。愛知トヨタ自動車の担当者は「ミニバンや小型車など選択肢は増えたが、クラウンだけはずっと乗り続けるオーナーが多い」と根強いファンの存在を語る。

喜一郎氏の孫の豊田章男氏が社長に就き、一二年十二月に誕生した十四代目は、王冠を模した前面部の大胆なデザインで世間を驚かせた。当時、章男氏は「クラウンは日本が世界に誇る車だ」と語った。リーマン・ショックや大規模リコール問題を乗り越えた新生トヨタの象徴ともなった。

第十章 トップインタビュー

豊田章男社長
張富士夫名誉会長
内山田竹志会長

1 豊田章男社長

「創業者は喜一郎だけではない」

大規模リコール（無料の回収・修理）問題で米議会公聴会に呼び出され証言してから、ちょうど五周年の二〇一五年二月二十四日。燃料電池車「ミライ」量産開始式が開かれたトヨタ自動車元町工場で、「時流の先へ　トヨタの系譜」連載を振り返るインタビューに応じてもらった。かつて祖父で創業者の豊田喜一郎氏を研究したという秘話を明かしてくれた。

――連載では、トヨタの源流をたどろうとしてきました。社長自身、若いころに喜一郎氏の研究をされていたそうですが。

三十代後半ぐらいのときですよ。そのころに私はトヨタの業務改善支援室にいて、新規事業としてインターネットの自動車コミュニティーサイト「ＧＡＺＯＯ（ガズー）」を立ち上げたころだと思います。

トヨタという会社で新規事業を始めるのは大変、難しい。非常に苦労をしていたときに、喜一郎が豊田自動織機内に自動車部をつくった年齢が三十八ぐらいと知って、「同じぐらいの年だったんだな」と興味を持ったんです。

それまで、自分にとっては「おじいさん」という域をこえない興味でした。そのころ出会ったのが、トヨタ創業から終戦後の経営危機を題材にした小説「日銀管理」（本所次郎著、光文社）でした。

喜一郎は自動車を造るというよりも、自動車産業を起こしたかった。トヨタグループは当時、織物業で、それ自体が非常に盛んだったときに、当時は訳のわからない自動車をやった。ぼくは大変、素晴らしいことだと思います。

「GAZOO」と自動車部では規模は違いますが、私が思ったのは、喜一郎は父親の会社に入り、自分の居場所を探していたんじゃないかな、ということです。トヨタに途中入社した私も、同じような思いでした。

喜一郎が入った織機は佐吉がリードしていたし、佐吉の時代の方々が、相当やりこんで、産業として成熟していたと思う。

佐吉は努力の人だと思うんです。小学校まででしか出てなくて、自動織機で発明までするわけですから。大学を出た喜一郎にすれば、たぶん、そこまで苦労せずにやれたことだと思います。

けれど、頭で考えてできる以上のことを、佐吉はやってしまっているわけです。それを喜一郎はよくいろいろな文献でも口にしています。佐吉が「これをやれ」と言ったときに、喜一郎は「そんなものは簡単にできる」とか、「こんなことはできないじゃないか」と考えて、やらない。ところが佐吉に「できないと言う前にやってみよ」と言われて、やってみたら、できた。やはり学校で習う理屈だけよりも、まずやってみる。そこは「現地現物」のトヨタの思想として忘れてはいけないことだと思う。ただ、そういう思想の中で、喜一郎が、何とか自分の居場所というか、自分の気が楽な場所としてつくったのが、自動車部じゃないのかな、と私は思っています。

その自動車部も、喜一郎が「やるぞ」と決めて、みんながついてきた話じゃなくて、最初に「やりましょうよ」と言ったのは現場の仲間ですよ。仲間がみんなで「やろう、やろう」と言って、やりだした話。トヨタの創業者というと、豊田喜一郎の名前だけが挙がるが、私はそのとき関わってくれたすべての人が創業者であると思っています。

私はトヨタに入社後、父（章一郎名誉会長）から「トヨタ創業の紹介ビデオをつくれ」と言われました。そのとき「喜一郎個人の成功物語にするな」と言い含められました。それが、ビデオのメーンコンセプト（基本的な考え）ですよ。

今、トヨタ鞍ヶ池記念館（愛知県豊田市）で上映している十五分のビデオは、私が相当、つくりこみました。例えば、うちの従業員があの十五分を見て、「創業者は豊田喜一郎だったと思ったら、違った。おれの先輩もそうだったんだ」と思えるような場面にしたつもりなんです。

トヨタ創業時を扱ったテレビドラマ「リーダーズ」（ＴＢＳ系で二〇一四年三月二十二、二十三の両日に放送）は、リーダーが複数形になっていた。そういうタイトルで表現してもらったことは、皆さんが想像する以上に私はうれしかった。複数形に大変意味があるなと思います。

――大規模リコール問題で米議会公聴会に出席してちょうど五年です。

毎年、公聴会に出た二月二十四日を「トヨタ再出発の日」としており、今日もその日。午前中に（リコールにまつわる展示品を集めた）社内の品質学習館というところで、トヨタのキーマンに話をしてきました。「社長として一年、持たなかったな」という当時の心境を語ると、何年経っても、ぐっときてしまう。

社長になって、すぐ赤字をしょいこみ、続いてリコール問題をしょいこんでいた。私のメディアの評価も、「三代目」「苦労知らず」。だから「こんな大変なときに、苦労知らずに任せては大変なことになる」という世論を感じました。

私自身も決して説明責任を果たす人間じゃありませんでした。「マスコミは何を言ってもどうせ先入観で書くんでしょ」という疑念がありましたし。アメリカについていった役員は一人だけ。出かけていく途中で思ったことは、「サポートがなく不安」ですが、「じゃあ自分はどうなんだろう？」と自問した。自分はトヨタのことをなんと思っているんだろうと。

従業員がいっぱいいますよね。現場でものも言わずに支えている人たちは、本当にトヨタが好きなんです。彼らや彼女らのために、自分はしんがり役ができるということが、自分としてはうれしく、入社して初めてトヨタの役に立てると、本当にそのときは思いましたね。

そこでアメリカに行って、私を公聴会に呼び出したとされている議員にあいさつにいったら、「よく来てくれた。ありがとう」ですよ、第一声が。そして「議員たちはいろんな質問をするが、あなたは全世界の、二千万人のあなたの客とあなたのパートナーに、『トヨタという会社はこうなんだ』と正々堂々、答えればいい」と言ってくれた。ものすごく気が楽になりましたね。

社長を辞めるような覚悟でしたが、従業員もトヨタのことが好きだし、そして何よりも七十数年たったこの会社を、「こんなことでつぶしてなるものか」という気持ちはありました。

―過去七十数年間で、現在のトヨタにとって最も重要な出来事や決断は。

それはその時々の決断の延長線上に今があると思います。ですからどれがということではない。私自身、社長という立場になって、決めて喜ばれる決断ならいいが、決めて多くの方が悲しむような決断も随分、せざるをえない立場だったと思います。ですが先人たちはもっとそういう体験をしてきたんじゃないかと。それを重ねてきたおかげで、今があるんじゃないかと思います。

成長には、自ら改善、改革をするのが必要とよく言われるが、では改善や改革をすれば、必ず成長するのか、必ず良い結果が出るのか。これは私、違うと思うんですよ。

トヨタみたいに、過去にいっぱい、成功体験があると思われている会社は、「成功しているのに、なんで変えなきゃいけない」と言う人たちもいる。それでもチャレンジするんです。チャレンジしたら、必ず良くなるかといえば、その保証はない。だけども結果は悪くても、次にチャレンジしたときには、結果が悪かったこと自体が絶対に役立つ。それこそが持続的な成長には必要なものなんじゃないか。

だから、失敗もするけれど決断をたくさんする。そして今のトヨタをどんどんリボーン（再生、生まれ変わり）させていく。それこそが、将来への道じゃないかと思ってやっています。

この間、大リーグのイチローさんが似たようなことを言っていました。イチローさんは毎年、何かを変えているそうです。毎年変えたら、必ず打率が上がるわけではありません。ただ、打率が落ちても、その経験が次に生きる。だからあれだけ長い間、続けていられるという話をされていました。企業経営につながるところがあると、あらためて思いました。

もう一つ面白いのは、「負けず嫌い」と言う言葉を、イチローさんは使わない。「負け嫌い」と言うそうです。「食わず嫌い」というのは、食べてないんです。食べてない人が言うのが「食わず嫌い」なら、負けたことがない人が言う言葉が「負けず嫌い」。われわれは負けていますよね（笑）。私もイチロー選手も、いろんな面で負けているところがあります。負ける悔しさを知っているからこそ、次があるんだと、ものすごく共感しました。

――常々、国内生産規模について「三百万台を維持する」とおっしゃっています。

トヨタはもう既にグローバル企業になっていると思いますが、すべてのトヨタらしさがあるのは、やはりこの日本なんですよ。桜の木は、グローバルな木になりつつありますが、どこまでいっても日本を代表する木だと思います。ですから「トヨタ自動車イコール日本の企業」と、地球のあらゆる方々から思われると思います。

私は、それは悪いことではないと思う。どんなにグローバル企業になったとしても、ちゃんとしたアイデンティティがあるべきだと思うし、人に人格があるように、会社にも人格があっていいんじゃないのかな。そう思うと、この日本をベースに、しっかりと自分らしさを磨くために、日本である程度の生産基盤、そして何よりも、仕入れ先や設備メーカーを含め、支えている人が絶えず出てくることが、トヨタの強みだと思うんです。

それはどこかの国の新しい自動車メーカーがすぐに真似したいと言っても、トヨタがかけた七十年以上の時間はかかるんじゃないか。人材育成とひと言で言いますが、ものすごく時間がかかることです。時間がかかるということは結果もすぐに出ない。でもそれは簡単に真似されないということでもあるんですね。

トヨタ生産方式ひとつとってみても、公式があるわけではなし、答えがあるわけでもなし、満点があるわけでもなし。一度、カイゼン（改善）の世界に身を置くと、ずっとやり続けないといけない。われわれはやっているんです、真面目に。「メード・バイ・トヨタ」ならばどこの国であれ、どこの人が生産したのであれ、しっかりと秘伝のたれとしてDNAを担保しているのが、この日本じゃないかと私は思っています。

ですから円高で大変なときも、トヨタは「石にかじりついてでも国内三百万台」と言い続けました。仕入れ先の中でも、海外に一緒に出ていけるところ、絶対に出ていけないところがあります。出ていけない社とともに、日本のものづくりをつくってきた。ですからそういうグループ企業のことも念頭に置きながら決断しないといけないと思っています。

―あの公聴会から五年経って、円高も終わり、決算も好調。今のトヨタには死角があると思いますか。

死角だらけですよ。トヨタはある面、危機のときが強い。危機のときは優先順位がはっきりしているし、赤字の時は優先するべきことが自然に出てくる。赤字のときに随分と、ブレーク・イーブン（利益が出る）となる台数を下げた。

その結果、円高、エネルギー高といった六重苦の環境が変わったのでこれだけの業績（取材時点で、二〇一四年度の営業利益が二年連続で過去最高の見込み）が出た。これで、元に戻ったら、「この四年間、よく我慢したね」で終わるだけです。

リーマン・ショック前と今とで大きく変わったのは、一千万台以上、造って売る会社になったということです。一千万台に達しないときの仕事のやり方と、一千万台を超えたときの仕事のやり方では、何か変わっているのか、問われている時期だと思います。

外部環境が変わると、またドーンと下がるような会社に戻るのか、それともリーマン・ショック並みに20％ぐらい販売が下がっても、確実に黒字を出せる会社になれる体質に変えていけるか。ここ一、二年の勝負だと思う。そろそろ仕事のやり方に変化が必要ではないか、そういう意味でやらなきゃいけないことは、いっぱいあります。

―連載でも危機の場面が多く、トヨタはそれを乗り越えて強くなった歴史がある。逆に平時の構えが問われているということでしょうか。

平時は、まず外部がほめだす。本来、ほめられるべきじゃないのにほめられると、人間でも会社でも、あまりよくない。周りがガタガタいうと、逆に「なにくそ」と思い、社内がしっかりまとまる。だから平時は難しいです。

平時に変化していくのは並大抵のことではありません。「なんで今やるの？　もういいじゃない？」と思っている人もいっぱいいます。そこに過去の成功体験が加わる。だけど先人たちが苦労を乗り越えてくれたおかげで今がある。平時でもリーダーズがいっぱいいる。そういう連中が働きやすい環境にすることが、トップの役割じゃないかなと私は思います。

——社長就任以来、掲げている「もっといいクルマづくり」は、今後、どう発展させていくつもりですか。

これも終わりがない。「もっといいクルマ」に、満点はない。ただ今の段階でも相当、トヨタの車は変わり始めた。例えば一つのモデルの期間が四年あれば、一年目に買うよりもモデル末期に買う方が、見違えるほど良くなっていくようなカルチャーが生まれつつあると思います。

モデルチェンジ（全面改良）でトヨタ車の顔も、非常に個性豊かになってきていると思います。最近、デザイン面で出し惜しみは一切、しません。ハードルが上がったところから、また新しいデザインをやる。この先、本当に大変になると分かっていても、やるんです。これはいいことじゃないかなと思います。

絶対に商品をほめないことが、自分の役割だと思っています。この間も、ある車の商品化を決定する会議があって、帰り道に「これ、かっこいいよね」と漏らした。すると担当者は「なんでそういうことを会議で言ってくれないんですか」と言うんです。

「ぼくが会議でそう言ったら、そこで止まってしまうでしょ。だから会議では言わない」と説明しました。本当に格好いいと思ったときは、帰り道でこっそり言いますが。格好悪いときは、まったく相手にしません。乗り味も、だませません。私が乗れるから。これは大きいと思います。

トヨタ生産方式と同じで、商品づくりにも終わりはない。ものづくり共通のカルチャーじゃないかと思っています。

「祖父も私も、会社を守ろうとした」

連載開始に先立つインタビューでは、二〇〇九年六月の社長就任以来、最大の危機だった大規模リコール問題を中心に振り返ってもらった。トップとして節目で何を考えてきたのか、「創業家出身」という立場をどうとらえているのか。自らの経営理念とともに、心の内を大いに語ってもらった。

（取材は二〇一三年八月）

――リーマン・ショック、大規模リコール、東日本大震災、超円高。いろいろなことを乗り越えて、決算上では過去最高の利益を更新する勢いだが、社長は「この時期だから原点回帰」と言っています。

会社というのは、創業の時に、いろいろな思いがある。なぜ、この会社が生を受けたのか。今を照らし合わせてどうなのか。トップに就いた者はそれを考えることが必要だと、あらためて思います。

だから「原点回帰」という言葉が出たんじゃないかな。

二〇〇九年に赤字という形でバトンタッチをしたんですね。「明日のトヨタを考える会」という若手中心の集まりで、トヨタの現状とか、どんなことが必要になってくるのかを考える場面があった。社長になる直前というのは、赤字という大問題がありました。そこでやることを三つぐらいに絞ったんです。でも、最後は「トヨタって一つのことしかできませんから」という結論になったんです。「量を追え」と言えば量を追うでしょ、品質なら品質だけに行ってしまう。いろんなことはできない会社なんですよ。

そのとき、一つに凝縮して集中させた。それが「もっといいクルマをつくろうよ」ということだったんです。だけど「何だ、今度の社長は」という受け止めが、百人いたら百人の評判でしたね。分からなかったと思います。ただ、自分としてはこの一言に凝縮しましたからね。そのときにいろんな意味で原点に戻り、考えました。

よく「創業ファミリー」と言われますが、「創業家」という言葉を私は意識的に使っていないんです。創業の時にいたわけでもないし、あえて言うなら継承者。その時代その時代のトップになっていく人は、どういう名字がついていようが、やっぱり原点から引き継いでいって、タスキを確実につないでいくことこそが大事ではないのかと、強烈に思いました。赤字だったから、余計に強かった。

二〇一二年十一月三日の創業七十五周年で、本社の喜一郎像の前で献花をしてみようということになりました。佐吉記念館（静岡県湖西市）の佐吉像の前では毎年十月三十日に献花していますが、私の記憶する限り、本社の喜一郎像の前ではやったことがない。そのときに思ったことが、「現世代も苦労しようじゃないか」ということ。トヨタは何十年も苦労の連続だったという話を聞いています。

創業期の人たちは、「将来、必ず日本に自動車産業を起こす」という気持ちだったと思うんですよね。トヨタがトヨタらしくあるためには「絶対変えちゃいけないもの」があると思うんですよね。（佐吉が始めた）自動織機、紡織から、トヨタグループは、大きな企業単位で変革したグループだと思っています。それを確実に次世代に引き継いでいくためには、時々は原点に戻って自問自答していこう。「創業者だったら、どう考えるだろう」「先輩だったら、どう考えただろう」って。私が責任を持たないといけないのは、これからの未来にも責任を持つことですから。

では自分も、将来、花開くようなものを今どれだけ達成しているかというと、非常に不安になります。だから絶えずそういう思いを、毎日毎日の経営に込めることこそ、結果として原点回帰につながるんじゃないか、と思います。

だから私は、あまり新しいことは言っていないと思うんです。例えば「もっといいクルマづくり」でも、「良品廉価」という言葉がありまして、それこそ何十年も前から使われてきたと思います。東日本大震災のときには「人命第一、地域の復興第二、生産の復旧はその後だ」という順番を言った。

これは前々から言われていたことです。一つ思うのは、そういうことが今の社員、今の若手の方々には新鮮に映っている。つまり、このところちょっとトヨタがぶれていたんじゃないの、と思うところがありますね。

私は「リボーン」と言っていますけれど、Back to the basic（基本に立ち戻れ）と言っているわけではないです。「生まれ変わろう」と。生まれ変わろうという意味は「ぶれていたところは直そうよ」ということ。決して、「すべて昔に帰れ」、ということではない。

そういう意味で、世間も含めて、日本という国も含めて、ちょっとぶれていたところがあるような気がしますね。特に、トヨタにとってはリコール問題とか、東日本大震災とか、会社の将来を揺るがすような大問題が出た。そのおかげで、トヨタが本当に大切にしなければいけないＤＮＡを私自身がものすごく理解したし、従業員、仕入れ先、販売店含めて、みんなの理解が深まったと思います。原点回帰というのも、現代的な「リボーン」という方が、私のやっていることと何となく近い気がします。

――「創業家」という言葉を使わないのは、なぜですか。

入社してから、「創業家」とばかり言われるでしょう（笑）。だから「なに、それっ」という感じはありました。だって自分でほかに選択肢があったかというと、ないですよ。じゃ、他の人生が良かったかというと、今さら他の人生もない、という感覚もあります。だから現実は現実として認めているわけです。だけど、「創業家だから」というのは、ネガティブ（否定的）なことばかりに使われますよね。

もうちょっとフェアに見てくれないかなぁと。そこは私の本心なんです。

生まれたときからそういう環境にあるじゃないですか。だから、誰から教えられているわけでもなく、親の背中を見る機会というのが多かったと思いますね。背中を見て、いろいろな喜怒哀楽を見て、そこで歴史的に企業における一貫性を、知らず知らずのうちに身につけている。そういう創業家の良さは、ぼくはいいと思います。ただ、「創業ファミリーしかできないことなのか」というと、それは教育やいろいろなことでできると思います。

―トヨタがトヨタらしくいるためのＤＮＡは、社長から見て、どんなことですか。

「お客様第一」と「現地現物」じゃないですか。それはまさしく、私がずっとやっていることですね。現地現物で現実を見る。絶えずお客さんの目線で考える。それを続けていけば、これからもトヨタは、いろいろな方に応援いただけるでしょうし、今後も持続的な成長ができる。

「もっといいクルマ」の中で「良品廉価」という言葉が出てきたのも、創業の原点では自動車というものをいろいろな人に、大衆車を造りたいという気持ちがベースにあったと思うからです。良品は、限られた人だけに売るわけではない。良品であり、かつアフォーダブル（値ごろ感がある）。クルマ造りにおいて、ぶれてはいけない軸だろうな、と思った。だからこそ「良品廉価」という言葉になって出てきたんじゃないのかな。

―「お客様第一」のＤＮＡが揺らいだのが、米国発のリコール問題。あの危機を振り返ると。

あの「事件」を反省することで、長い目で見れば、トヨタの歴史にとっては良かった、と社内に思わせたいですね。

米国の臨場感と、本社を通じて自分に伝わってくる感覚のギャップがあった。致命的だったと思います。米議会の公聴会に出ることに決まったときは、「本当に光栄だな」と思いました。

入社以来、独りぼっちの会社生活を送ってきましたからね。さっきも言いましたように、社員にしてみれば、どちらかというと私と接するのはアンタッチャブル（当たらず障らず）なんですよ。私にくっつくと「なんだよ、おべっか使って」と言われる。だから寄ってきません。逆に私をいじめてやろうと思うと「いじめたら親父に言いつけられる」と。だから一番いいのは「アンタッチャブル」なわけですよ。

でも、この名前で、この自分が会社のために身を張れることが、本当にうれしかった。「じゃ、もう一回行ってこい」と言われたら、嫌ですが、初めて会社の役に立てると思いました。けれど「社長終わっちゃったな」とも思ったんです。とにかく誰かがやらなきゃいけない。やるに当たって自分なりにルールを作ったんです。「誰のせいにもしない」と。トップとして現在・過去・未来、販売店、仕入れ先も代表して私は謝罪をしよう、と。

それから、もう一つ。「のろま」「仕事が遅い」だとか「お前は無能だ」とか、そう言われることはいいじゃないか、批判に関しては甘んじよう。ただし、「ごまかし」や「嘘つき」と呼ばれることには、何がなんでも徹底的に戦うつもりだった。

やはり自分が社長を辞めたとしても、トヨタという会社が「ごまかしだ、嘘つきだ」と言われたら、全世界三十三万人のトヨタ従業員とその家族はやってられませんよ。だから、そこは徹底的に戦う。

―公聴会に出席後、米国の販売店との集会で涙を流しましたね。

ずっと、独りぼっちの会社生活を送ってきましたからね。そういう意味で「もうすっきりしたなぁ」という感じだったんですよ。ところが、どうして、あそこで泣いちゃったのか。

公聴会に行く朝は、泊まっていた販売店オーナーの別荘で、従業員の方と一緒に携帯で写真を撮ったんです。「この写真を胸にしまって公聴会に参ります」と言って、出て行きました。

公聴会の場では、応援なんか誰もいないという感覚があった。ところが終わって集会に出てみて、実は販売店の人たち全員が応援団だったと気付いたんです。私の誤解ですよね、一人で戦ってきたと思ってきたけれど、実際はみんなに支えられていたことに初めて気付いた。それがうれしかったんです。

「公聴会のやり取りをアメリカだと思わないでくれ」と、まず司会の人が言い出した。あれで泣き出しましたからね。

私は大学を卒業して、最初の就職先がアメリカ。やっぱり二十代の一番大事な時期の五年間をアメリカで過ごした。アメリカのことは大好きだし、アメリカで学んだ点も多い。そういう点から、公聴会に出て「これって本当にアメリカなのかなぁ」と思っていた。そうしたら司会の人が「きょうは同じアメリカ人でも見ていて辛かった。これをアメリカと思わないでくれ」と言ってくれた。それが涙の原因でしょうね。

翌年、賀詞交歓会の場で、この年のキーワードとして「笑顔」と書いた。一年の最初の言葉に、笑顔なんて普通は書かない。しかしそのときは、笑顔が会社を救ってくれたなという思いがありました。

――発憤材料にもなったと。

あのときは辛いですよ。あれから六カ月から一年ぐらいは、どこの国に行っても謝罪です。「アメリカではあなたは謝罪したけれど、うちの国では謝罪してないじゃないか」とかね。大事なことは、自分の言葉で自分のことを語ることだと思いますね。決められた想定問答をただ読むのではなくて、あそこで責められ、夢の中でも自分で考えたことを、自分の言葉にしていく。そういうプロセスをずっと続けてきたことは、ぼくは良かったと思います。

―公聴会のころは眠れていなかった。

そうだと思いますね。今、振り返ると。

―リコールでは、当初、社内に「そんなに大した話か」という受け止めがあったのでは。

今でも、海外で起こっていることは、本社に届くまでにギャップがあると思います。一週間に一回、副社長の人たちと朝に集まり、ありとあらゆる手を使いながら、ギャップを一日でも短くする努力は続けています。

―当時、日本では、どう受け止めていた。

日本では、「品質問題」だったんですよ。

それまでのリコールというのは、法令遵守しているかどうか、それから技術的に問題があるかどうか、ここが証明できれば、あとは手続き上の話ということで、普通の社内プロセスにかけておけばいい、という認識があったんです。ところが、それだけではなかった。今でも、私が最終決定できるのは、商品と人事ぐらいです。現場に近いところで判断できる会社ですが、外から見ていると社長の決定が見えづらい会社かもしれないですね。でも、あのときの反省は説明責任を本当にすべて果たしていたか、ということです。だから、現地現物、お客様目線で、説明責任を果たす必要性がある。ここは私も大きく変わりました。

―創業者で祖父の喜一郎氏は、金融支援から労働争議に至る戦後間もなくの大きな危機で、結局、社長を辞任しました。章男社長も、自ら公聴会に出ました。

喜一郎も私も、責任者であるということを示せたんじゃないですかね。謝罪という形であれ、表舞台に出て、それなりの説明をするということは。喜一郎のときの労働争議も、私の新米社長時代のリコールも、目指したのはとにかく会社を守ること。会社を守るために、喜一郎は社長を辞しました。会社を守るために私は新米社長時代のリコールでいろいろな説明をしました。トヨタについて語りました。会社を終わらせないという目的は、同じだったと思いますよね。

会社の危機であるがゆえに、だれが責任者か、より明確になると思う。あらためて責任の重さを感じますし、「あのとき、あなたが社長をやっていて良かったね」と言われるように精進していきたいな、と思いますね。

―当時の喜一郎氏と同じような心境を感じたわけですか。

いや、当時の喜一郎の心境がどうだったのか分かりません。喜一郎うんぬんを考えたかというと、あまり考えていません。考えているのは今ですね。喜一郎は、今の私の年齢に亡くなっているんです。

おじいちゃんは五十七年しか生きていませんから、そこから先の人生というのは経験していない。変な言い方ですが、「残された人生、私の体をお使いください。私は健康にしておきますから」、と思っています。

そんな気持ちで仏壇に手を合わすときもあります。さぞや無念だったろうと思います。喜一郎が日本に自動車産業をつくりたいと言い出したとき、誰もが「すばらしい」とは思っていません。「何を言ってるんだ？」と見られていた。そういう時代にしか、喜一郎は自動車造りをしていない。

喜一郎は、私のおじいさんであり、この会社の創業者である。会ったことはないですが、うちの父親（章一郎名誉会長）から聞いている話や、喜一郎時代に生きていた方々、これは会社の人のみならず、料亭のおかみさんを含め、いろいろな方々の話を聞いて、私なりの喜一郎像を孫として、いつも持っています。

――喜一郎氏の言葉や仕事で一番好きなことは。

「ジャスト・イン・タイム」。あの言葉は絶対、喜一郎が考えついたぞと言われる人が多い。ぼくはジャスト・イン・タイムこそが、トヨタが絶対に変えてはいけないことだと思う。だから最近、「生産性」という言葉を盛んに使い出したのは、やっぱりジャスト・イン・タイムというものこそが、トヨタの競争力を上げる唯一の武器だと思っているからです。会社全体では「もっといいクルマをつくろうよ」。そのやり方に関しては、絶対、ジャスト・イン・タイム。リードタイムの短縮、そこに尽きると思う。

当時、自動車産業はまったくのベンチャー産業で、喜一郎は御曹司の道楽みたいに言われていたと思いますよ。ところが、あの決断で、今のトヨタがある。だから大変なことをやってくれた創業者だと思うんです。ただ本人は、何もいいところを見ていない。だから、いい会社にしていくことこそが、残された人間のせめてもの恩返しじゃないですかね。

そういう思いが、私は強いかもしれません。私にできるのは、「もっといいクルマをつくろうよ」と言いながら、心を一つに、次の百年に結びつけることじゃないかと。

―トヨタには一世代一事業という言葉もある。社長にとっては何ですか。

ないですよ。あえて言うなら「情報」でしょうね。自動織機、自動車、住宅があり、それで、ＩＴ（情報技術）。クルマと人をつなぐ、クルマと住宅をつなぐ。もともと内製化してきた自動車と住宅が、ＩＴでつながり始めたところだと思います。だけど、「一代一業」は皆さんが言っているだけでは。

それに自動車というものは、まだまだ成長産業だと思っています。これで満足だとも思っていないし、どんどんクルマ自体が変わっていけば、まだまだクルマというのは必要とされるものだと思うんです。

―「もっといいクルマづくり」の手応えは。

「もっと」という言葉が入っている。そこがミソです。ダントツに良い商品とは言っていない。ダントツに良い商品を出したら、そこで終わってしまう。トヨタが持続的成長を遂げるには、ずっと今よりも「良い」を追い求めることが大事。

例えば、フルモデルチェンジ（全面改良）の期間を五年とすれば、その間はマイナーチェンジ（部分改良）で毎年良くするぞ、という思いも込めています。終わりはなく、正解もない。絶えず、今日よりも明日を良くする思いは、少しずつ伝わってきたと思いますね。

最初は社内で、ぼくが思っている「もっといいクルマ」の回答があると思われていた。今は、そう思っている人はいません。自分たちが思う「もっといいクルマ」をものにして一緒に乗ってみよう、という理解は深まった気がします。例えば、（技術担当副社長の）加藤光久さんを中心に、もっといいクルマを賢く造る解決策として出てきたのが（車種をまたいで部品などを共通化する）「ＴＮＧＡ」

だと思う。その次の段階が具体的なプロジェクトとして、どのクルマで、どのくらいの時期に実現させるか、今、動きだしています。

―社長として、どんな役回りを果たしていきますか。

私の役割も変わってきたと思うんです。商品化の最後のフィルターというのが一番分かりやすいと思う。

みんなが頑張って商品化するんですが、最後のフィルターの重みを最近、特に感じますね。その感度と精度をよりよくさせるために、ドライバーとしての活動があるんじゃないかと。クルマを知り、道を知れば、自分の感度が上がってきます。現場も頑張ってきていますから、絶えず戦いだと思うんです。

「もっといいクルマづくり」に答えはないんです。最後の最後まで磨き合って、世の中に出す。お互い妥協しないことが大事で、そういう意味での仕事の進め方に変化が現れたんではないかと思います。何合目と言われても分からない。最後に成果物のクルマが出て、世に問うて、多少の答えは出る。ただ確実に変化していますよ。自分の役割も変化しているし、自分もさらに精進しなければいけない。

2 張富士夫名誉会長

故・大野耐一氏に直接、指導を受け、「トヨタ生産方式」を学んだ。今もトヨタのものづくりの指針となる生産方式の真髄を語ってもらった。

（取材は、二〇一四年五月）

―「トヨタ生産方式」との最初の接点は。

昭和四十三（一九六八）年二月かな。私は第一生産計画課で係長になりました。例えば新しい車が出るときに、部品を内製でやるか、外注でやるかということを立案する事務局の係長なんです。だいたいの傾向として、なるべくやりにくいものは外注に出してくれ、数の少ないやつは外に出してくれ、という話に、どうしてもなる。そのうち、一年近くたってから親方が大野耐一さんに代わったんです。その日からしかられ通しで、「何を馬鹿なことをやっている」と怒られる。何にしかられているかもわからなかった。ぼくだけじゃなく、課長も部長もしかられた。

あるときダイハツの一番大きなサプライヤー（取引先部品メーカー）に、大野さんが指導に行くとき、ぼくは運転手としてついていく。それを見て「ああ、こういうことなのか」といっぺんにもやもやが晴れました。帰りに、「いままで分からなかった、さんざん怒られたのが、今回の四日間、お供をしてよく分かりました」と伝えた。

―何が分かったんですか。

作りすぎがどれだけ経営にマイナスなのか。下手をすると、会社を潰しますよ、と。「ここで働いている人たちは、銀行のために働いているようなものですよ。自分のために働いてないよ」という話をずっと大野さんがする。

それと、ダイハツ本社と、部品メーカーは、前工程と後工程という見方をしていた。ぼくらは「外注メーカー」とか言っていたが、そうじゃない。前工程、後工程だよね。「この部品はやりにくいから外注」ではなく、両方がきちっとやらなければ、品質も原価も、生産量もうまくいくわけがない。

そのしばらく後に、豊田英二さんの話を聞く機会があったが、まったく同じスタンスで驚いた。第一次石油ショックの後、いろいろなサプライヤーさんにトヨタ方式を教えにいくが、そこがしっかりしないと、車の品質も上がらないし、原価も下がらない。実際に自分でやらされてみたら、腹にぽんと落ちた。

ダイハツに行って半年もたたないうちに、「生産調査室」をつくると大野さんが言いだして、それに「張も入れておけ」と大野さんが言われた。だけどぼくは事務屋でしょ。それで上司が心配して、「おまえ、電機も機械も材質も材料もまったく分からないのに、大野さんがおまえを入れろといっているが、できないだろう？」と聞いてくれた。上司が大野さんに断りにいくと、大野さんは「無駄を見つけるのに、事務屋も技術屋もない」と聞き入れてくれなかった。

生産調査室では、鈴村喜久男さんがその後、死ぬまで直接の師匠になりました。スタートは六人だった。

――大野さんは実際、どんな感じで怒るのですか。

やっぱり「逃げる」「言い訳する」「現場に行かないで口だけ達者」。この辺はみんなやられる。例えば、若い学校出（大学出身者）の連中が、「この設備は償却済みだから、捨ててもいいんだ」と言うと、烈火のごとく怒るんです。

トヨタは、喜一郎が買った昭和十二年の古い機械も捨てないで、戦後また引っ張り出し、ラインをつくって、それで少しずつお金をためていったわけです。たまたま経理や税務の仕組みに償却ということがあるだけで、機械というのはきちっと手入れしていつでも動くようにして使えば、もうけになる。

まだまだ使える機械に「これはもう捨てていいんだ。新しいのを買いましょう」なんて言うと、「生意気を言うな」と怒る。それで基礎を築き、お金がないのを少しずつためていった。「その金を技術部に渡して、少しでもいい車を開発してもらえるようにした」と、機嫌のいいときは話してくれた。

――一番記憶に残っていることは？

みんな大きい声で厳しく現場を指導していたので、自分も同じようにやったら、現場の班長に「なんでおれがあんたにそんなにしかられなきゃいけないんだ」と言われた。鈴村さんに「大きい声を出してみたが、全然効き目がない」と言ったら、「おまえはおまえの持ち味でやれ」と怒られた。

自分の持ち味は、じっくり腰を据えて説明する。人をその気にさせるというのは、いろいろある。だから若い人に「自分の持ち味を大事にしろよ」ということは言います。

あとは「なぜ、なぜを五回繰り返せ」。大野さんや鈴村さんは、自分では言わないけれど、「なんでこんな無駄があるんだ」を五回くらい繰り返すうちに、直さなければいけないことが分かってくるわけです。何か問題が起きたときはすぐにぱっと見て直そうとするのではなく、「なぜこうなったんだ」「それはなぜか」と考える癖を完全にぼくは身につけたと思っている。アイデアは簡単にはわかない。今はゴルフのスイングでも「なぜなぜ」と考えてしまう。

そのためには、現場に行かなければいけない。想像で「なぜ？」は絶対に駄目だ。

大事なことは、頭の訓練と同時に、必ず現地現物でものを確認しながら思考をさかのぼること。ぼくは事務屋なんだが、何か起きたときは、物を見ている。理屈は分からなくても現象は分かりますからね。だから進めることはできる。

大野さんがあれだけのものをつくりあげたのは、やはり同じように「なぜだ、なぜだ」ということをしょっちゅう考えておられたんじゃないかと思う。明治の人は絶対、教えてくれない。見て学べ。だからなるべく質問しないようにした。

―工場のラインで「ムダが分かるまで立って見ていろ」という話がある。

工場で働いている人の姿を見ていると、どこで止まるか、どこで二度手間やっているか、というのが分かってくる。鈴村さんは「ここから見ているとよく見える」とは言ってくれる。何回も繰り返して見ていると、無駄というわけじゃないが、ちょっと問題箇所が出てくる。

目に付いたから直していいというわけじゃない。時間短縮だけじゃなくて、品質ややりにくさ。特に「人間尊重」と言われるが、すごく作業がやりにくい、危険、疲れる、というのを直していくのは大切なこと。それもまた「なぜだ、なぜだ」が多いが。

――トヨタ生産方式が理解を得るまで大変だった。

社内でも反発はあったけれど、あるに決まっているわけです。いままでの仕事を真っ向から否定し、がらっと変えるから。働いている人や、特に監督者は、まず自分の原因で、ラインを止めてしまうのは最大の罪悪だと思い込んでいる。だから、ちょっと多めに人をとったり、少し在庫をとっておいて、故障しても後工程を止めないようにする。「それが会社のためだ」と思い込んでいる。そこで全部、在庫をなくしてしまうと、彼らが一番悪いことだと思っているラインストップをやるしかなくなるわけです。

大野さんはしょっちゅう言っていました。「一番おまえたちがやらないといけないことは、働いている人の給料袋を少しでも厚くすることだ」と。

人間性尊重。「みんなが知恵を出して、みんなが参加して改善をせんといかん。そのためには問題が、誰の目にも分かるようにしておけ」と言っていた。「人間の知恵というのは無限だぞ」と。

一番しかられるのは、理屈の「理」を無視したとき。「一日働いたときに、疲れないペースで、その人に一番合って、一日もつペースで標準作業をつくらないかんぞ」、とよく言われた。無理やり、徹夜したって間に合わないようなことをやらせると、ものすごくしかられた。

ぼくらは、在庫を減らさないとしかられるから、設備などを直す前に在庫を減らしてしまう。すると「こっちを直していないのに、なぜ在庫を減らした」とものすごく怒られた。

後ろに在庫がないということは、原価を下げるだけじゃなくて、ラインがすぐ止まるでしょう。止まったら、みんな「大変だ」と走ってきて、後ろが止まる。ぎりぎりだとなるから、みんな必死になって直し、考える。

そこで「なぜ、なぜ」と二度と起きないように再発防止をするが、そういうときに良い知恵が出る。そういう修羅場みたいなのを二、三回くぐればだんだん、みんなが一生懸命考えて、うまくいくようになる。そういうふうにみんなに考える余地を必ず残す。「常に働いている人も考えさせることが人間性尊重ということだ」と教えてくれました。

私が課長ぐらいのとき、ある雑誌が企画した座談会で、大学の先生と大げんかになってしまった。当時の大学の先生で、生産管理学の人は「トヨタは理屈に合わないことをやりだした」と言う。

組み立てラインで、トヨタは一人一人にストップボタンを持たせているが、その先生は、「たった一人の問題で三百人がみんな止まるなんて、こんな馬鹿な話があるか」というわけです。実際はそうではなく、ボルトがうまくはまらないという問題があれば、「アンドン」のランプがつく。すると班長も組長も走ってくる。応急手当をして、前工程に走っていって、「ここがこうずれているから、ボルトが入らない」と言って、根本を直す。

それを直さなかったら、何回でも同じ事が起きる。そういうことを毎日積み重ねて二カ月ほどたつと、ラインは本当に止まらなくなる。一人の問題で三百人が全部休むなんて、そんなことはない。「もう少し現場を見て勉強してください」と反論したら、怒って「私は現場を見ております！」と言われた。

—張さんは米国ケンタッキー工場立ち上げに携わった。米国人のトヨタ生産方式への反応は。

ぼくも知らなかったが、米国では一般的に、ラインを止めるとその場で首になるらしい。米国人はそういうことを身にしみて感じているから、「いくらおまえが止めてくれと言っても、そう簡単には止めてくれないぞ」というのが米国人の上のほうの考えだった。

—どう植え付けていったんでしょうか。

「どんな問題があっても止めなさいよ」と言っておき、日本人だけじゃなくて米国人の部課長もみんな、現場に出てもらう。そして実際に止めるけれど、さっきいったようにすぐにみんなが走ってきて、問題を解決していくので、「ああこういうことか」とだんだん定着していく。

それで何カ月かたったら、みんな当たり前のように止める。本当に止めても首にならずに、「ありがとう！」なんて言われた。

—「トヨタ生産方式」は一九七八（昭和五十三）年、本として出版されます。当時の大野副社長は、どうしてこれを本にしようとしたのでしょう。

最初から「みんなに教えてやれ」という感じだったですからね。さっき申しましたように、トヨタの中でやっても、部品は三割だけ。付加価値は、サプライヤーさんや材料メーカーさんを入れて、残り七割で付ける、よい品質のものを安く造ろうとしたら、みんなでやらないといけない。

生産方式は最初のうちは評判が悪く、誰も見に来ない。昭和四十八年が石油ショックで、なぜトヨタはそこから早く立ち直ったんだ、というような評判が広がってきた。「それなら、正しく理解してもらう必要がある」と思ったのでしょう。

というのは、「かんばん」さえ出せば部品メーカーが持ってくると、よく新聞にも書かれたが、「間違って使うと凶器になる」と大野さんは言っていました。サプライヤーに全部、在庫を押しつけて、ほしいときに「すぐもってこい」と理解されてしまうと、日本の製造業に大変なマイナスになる。

―大野さんは、米国で自分たちのトヨタ生産方式がどのように根付いたか、気にされていたと思うが。

ぼくが米ケンタッキー工場に出向く前、大野さんが「やれるかなぁ」と言っておられたのが、ラインを止めること。「新聞社の皆さんから、トヨタ生産方式なんて本当に米国で通用するのかと言われていましてね」と言ったら、「うん、やっぱりラインを止めるというのは難しいだろうな」と。うまく止められるようになったから、手紙で「一度見てください。大変止め方がうまくなりました」と報告しました。

―リーマン・ショックのときに、大野さんの言葉を思い起こしたことは。

思い起こしました。台数が減ったときは、「早く造れ」というプレッシャーがなくなるから、普段できない大型の改善をやれと、大野さんは言っていました。リーマン・ショックのときは本当に台数がなくなり、「大野さんだったらどう言うかな」とは考えましたよ。

例えば台数が減ったときに、「それじゃみんな集めて教育をします」「庭の草むしりをします」となりますが、大野さんは「そういうことは絶対させちゃいかん。何もさせるな」とよく言われた。
教育とか草むしりだとかやらせると、「本当に仕事がないんだ」という危機感がなくなってしまう、というわけです。「これはなんとかしないといかん」とみんなが必死になって、一台でも外に行って売ってこようよという雰囲気にするためには、「教育」なんていけない。リーマン・ショックのときは、割と早く台数が戻ってきたから良かったですけれど。

―グローバル展開が進み、生産も販売も一千万台の時代。守り続けなければいけないものづくりとは。

トヨタ生産方式に完成はない、と大野さんもしょっちゅう言っていたが、設備が変わり、部品が変わり、やり方が変わると、また何か無駄が出てくるんです。ですから、基本的に無駄を取る。しかも目先の無駄をちょいちょいと取るのでなく、なぜこうなるのかという仕組みから直していくことが大事ではないか。全員は難しいかもしれないが、少なくとも核になる連中は、無駄を見分ける目を受け継いでいくことが必要ではないか。

無駄がはっきりすれば、日本人に限らず、直す。山のように在庫を持っていると、どれが無駄でどれが仕事かも分からなくなるが、理想的に常時流れている状態をつくりあげておくと、問題がぽっぽっと出てきます。それを隠さないこと。

無駄を見つけることと、直すことは少し違います。見つけることはぼくらでもできるが、直すのは専門家でないと分からない。そこでチームワークで、指摘をする人と、直せる人と、あるいは原因を見つける人とがチームでやるのがいい。

本当に必要な数だけに在庫をしぼって、現場をぴんぴんに張っておくと、すごくみんな緊張する。問題が起きたら現場が大騒ぎになるようにしておく。阪神大震災のときにうちから取引先の工場をすぐに直しに行ったら、豊田英二さんが「うちは常に、現場は非常時だから、やることが早いでしょう」と言っていましたね。

3 内山田竹志会長

トヨタ自動車が一九九七年に世界で初めて量産化したハイブリッド車「プリウス」開発リーダー。挑戦的なプロジェクトの舞台裏や、トヨタが新たに世に出した燃料電池車「ミライ」について聞いた。

（取材は、二〇一四年十二月）

—二十一世紀の車づくりを目指すプロジェクト「G21」が一九九三年秋に始まる。ここから「プリウス」が生まれていくことになるが、そのリーダーに就任した時の思いは。

もともと、トヨタに入りたいと思ったのは、いつかはチーフエンジニアをやりたいという思いがあったからです。その夢は全くかなわなくて、あきらめて別のことで頑張ろうと思っていた。そのとき役

員から、「G21のリーダーをやってくれ」と言われ、すごくうれしかったですね。

チーフエンジニアになるには、まずスタッフになって仕事を覚え、そこからチーフエンジニアに上がるのが普通。だが私は設計出身ではなく、実験出身だから、車を企画した経験がない。

なぜ上司は私を選んだのか。「G21」の役目は二つあった。一つは、二十一世紀の車を造ること、もう一つは、トヨタの車両開発のやり方を変えること。そのためには、車の企画を知らない人間の方がいいということになりました。

チーフエンジニアの下で仕事を覚えた人は、その仕事のやり方が頭に入ってしまう。しがらみのない人間がいいということで、選ばれました。

「二十一世紀の車を造れ」というのは非常に漠然としたテーマでした。私たちが目指したのは、二十一世紀の車社会の課題を解決すること。いろいろな課題があるが、その中で選んだのが、「環境・エネルギー」でした。選んだ理由は、一番難しそうだったというのもあるが、絶対避けられない、やらないといけないテーマだと思ったから。トヨタをはじめ、どこの自動車メーカーもまだ本格的にはやっていなかったんです。

そのときに、今の車の利便性や快適性は維持するか、さらに向上させるという条件をつけた。今の車の良さを残しながら環境問題に対応していく。それは、燃料電地車（ＦＣＶ）のときも大事なポイントだった。技術的な目標としては、燃費を大幅に上げることを目指しました。

―ハイブリッドシステムを選んだのはなぜですか。

最初は燃費性能をカローラの一・五倍にすることを目標にしていましたが、技術トップの和田明広副社長（当時）から「二十一世紀のエネルギー・環境問題に答えを出す車なら、一・五倍はちょっと低いんじゃないか。二倍くらいはやらないといけない」と言われた。つまりハイブリッドをやれということでした。

従来の技術の延長線上では、二倍はとても届かない。当初、ハイブリッドも一度は検討したが、「ものにならない」とすぐに捨てていた技術だった。理由は二つあった。技術的に完成していないのと、どう考えてもコストが高くなることです。ハイブリッドをやるからには、この二つをなんとかしないといけない。

燃費をよくするためにハイブリッドを採用するのだから、システムは理論的に一番、燃費がいいものを使わなくてはいけない。調べたら、世の中に八十種類くらいのハイブリッドシステムがあったんです。それを机上で振り落として、二十くらいに絞り込んだ。八十の中には、戦艦大和に載せるようなシステムで、とても車には乗らないというものもありました。

東富士研究所に、ハイブリッドのシミュレーターを開発してもらいました。コンピューター上で動かすことができる。ハイブリッドは、最後は制御で苦労するだろうから、ハードウエアはなるべくシンプルしようとして、モーター二つとプラネタリ（遊星）ギアで、クラッチはないものにしましたね。九五年六月三十日に、システムを役員会に提案して、通りました。まだ試作が一個もなかった状態です。たぶん、中身をみんなしっかり理解していなかったんだと思いますが、上の人もよく決断してくれたと思います。

—プリウスの発売時期は当初の九九年から二年前倒しされました。

当初の目標は九九年のラインオフ（量産開始）だった。それから、すぐに前倒しできないかということで九八年になった。私も「一年くらいだったら頑張ってできそうだ」と言っていましたが、さらに一年早くに出せと言われて焦りました。これは当時の奥田（碩）社長から強く言われたと、伝え聞いています。

できないと思ったけど、条件を一つ、付けさせてもらいました。目標に向かって開発をするが、今までにない車を造るのだから、やりながら判断して、うまくいかなかったらラインオフは伸ばしてくださいと頼んだんです。社長も、それでいいということで、九七年十二月で頑張ろうとなりましたね。

—最初、ハイブリッドシステムを載せた試作車は動かなかったそうですね。

本社のテストコースですね。複雑なシステムだったので、一発では動かないと思っていましたが、四十九日間も動かないとは思わなかった。辛かったですね。みんないらいらして、最初は「自分の部署の責任じゃない」と言っていました。

試作車の評価をする部署があって、そこに車を置いてみんなが車の周りに集まって、ああでもない、こうでもないと議論をした。そうすると、図面通りにできていないとか、配線ミスとか、いろいろ分かってきた。コンピューターをいくつもつなぐので、通信仕様が合っていないとか。プロの集まりですから、みんなが主体的に直していきましたけどね。

―最初はガソリン車の開発も進めていたそうですが、豊田章一郎会長（当時）が「ハイブリッド一本にしろ」と指示を出しました。

ハイブリッドが決まってからも、ガソリン車と同時発売を目指していた。ハイブリッドはどれくらい売れるか分からなかったので、ガソリン車をメーンに売り、全体でコストをカバーする作戦だったんです。

それが、トップがハイブリッドに一本化を指示したことで、「赤字を覚悟したんだ」と思いました。「それでもいいから出せ」と言っていると。正直、ありがたかったですね。

でも、章一郎さんは、こういう言い方をされた。「君たちは両方やっているとガソリンエンジンの方にだんだん逃げていくんじゃないか」と。章一郎さんは退路を断ったわけです。ハイブリッドがだめなら、世の中に出していかないということ。助けてくれた側面もありましたが、結果的にぼくらは追い込まれました。

―九七年末の発売に間に合わせるため、どんな苦労がありましたか。

とにかく時間がなかった。十二月に発売を開始しようとすると、運輸省（現国土交通省）に認可の書類を出す締め切りが八月です。発売が公になった三月から八月までわずかしか時間がない。

当時、まだ燃費目標も達成できておらず、信頼性もまだ十分でなかったですから、一日二十四時間、週七日使って稼働試験を繰り返していましたよ。届け出の締め切りが夏休み明けで、燃費が達成できたのは夏休み前くらい。本当にぎりぎりで、書類に「ガソリン一リットル二十八キロ」と書けるのがうれしかった。

―プリウスを世に出したことで、トヨタのイメージはどう変わりましたか。

いくつかあると思いますが、ハイブリッドは他社も進めていたので、互角の世界でした。プリウスを発売したことで、トヨタの環境イメージは明らかに上がったと思います。会社のイメージが上がると、社員の考えや行動も変わります。日々の仕事や工場の対応など、環境を軸に社内が回り始めるので、ますます環境イメージが上がる。トヨタは様々な種類の車を出しています。クラウンやカローラ、ランドクルーザーと様々で、どういう車を造る会社か、なかなか伝わりにくかったのですが、ハイブリッドがある意味、一つの求心力になりました。

仕事のやり方も変わりました。自分たちのやりたいことを周りに理解してもらうため、会社全体の最適化を考えるようになりました。プリウスという車を、自分たちでラインオフさせていかなくていけないという気持ちです。

今でもプリウスをやった第一世代の人たちとは、戦友みたいな気持ちです。全体最適はこういうことか、とみんな実感した。開発だけでなく、生産も調達も仕入れ先も、広報もみんな先頭に立ってやった。

さらに言えば、開発陣が「プリウスの大変さに比べれば、他のプロジェクトもできる」という自信を得た。特に若いエンジニアが、やれるという大きな自信を持てるようになったのが大きいです。

―燃料電池車「ミライ」が二〇一四年末、世界に先駆けて発売されました。

〇八年九月に、市販モデルをやるぞと開発陣が決めた。その時は、ぼくは生産部門にいて詳しく知らなかったが。翌年六月に技術部に帰ることになり、内示を受けた時にその間の動きを聞きました。燃料電池はずっと気になっていたんです。

どんな車種で市販化するのかを尋ねたら、ＳＵＶ（多目的スポーツ車）だという。ＳＵＶの方がスペースがいっぱいあり、燃料電池を積んで設計するのが楽なんですよ。でも、乗用車、セダンにしろと言いました。二つ理由があって、燃料電池車を最初に買うのは、官公庁や企業だから、特殊なボディタイプはふさわしくない。

もう一つは、セダンで造る方が難しいんです。セダンができれば、大きい車は後からいくらでもできる。それは、プリウスの時も同じでした。プリウスの時は、みんな大型のカムリをベースにしたいと言ったが、それはだめだと断りました。本当に普及させる思いがあるなら、最初に苦しい道を選択しないといけない。

―トヨタは燃料電池車によって水素社会を目指しています。

最初、水素社会は、みんなの意識にはなかった。二酸化炭素排出ゼロという意識はもちろんあり、電気自動車と燃料電池車と両方を開発していましたが。

単に二酸化炭素を出さない車というだけではなく、今後はエネルギーが多様化していきます。石油の採掘が峠を越えると、ほかのエネルギーで埋めないといけない。再生可能エネルギーは、すべては使い切れない。その時、日本に向いているのは水素なんですね。

大事なのは、技術者が単なる競争や新技術への興味で、新しいテクノロジーを取り入れてもだめだということです。今回のように、インフラを伴う時は、社会にとって必然性があるかどうかを考えることが大切です。理屈はよくても、お客さんの利便性が確保されないといけない。そういうことをエンジニアは常に考えてやっています。

あとがき

就任したての豊田章男社長が大規模リコール（無料の回収・修理）問題で米議会に呼び出されたあの日から丸五年の二〇一五年二月二十四日。トヨタ自動車はあえてこの日を、燃料電池車「ミライ」の量産開始式に選び、「新たな一歩を踏み出す日」とした。

場所は、半世紀以上も前に稼働したトヨタ元町工場。「もと、まちこうば」が語源という工場の設備は、先進的とはほど遠い。従業員の技を頼りに、一日に三台しか造れない。

「その姿は、創業当時とあまり変わらない」。あいさつに立った章男社長は、従業員とともに油にまみれ、車の下に潜り込んだ創業者で祖父の喜一郎に思いを重ねていた。

国内外で従業員三十万人超を擁する巨大企業トヨタだが、八十年近く前に三千人程度で始まったベンチャー企業の心意気を今も残そうとしている。その中心は、喜一郎以来、現場や実物を何よりも重んじる「現地現物」という遺訓だろう。

私がトヨタ担当記者だった二〇一二年ごろ、名誉会長の章一郎氏はハンドルの不具合でリコールされた車を本社の駐車場で動かし、何度もハンドルを切っていたと聞いた。八十代後半になっても、不具合を自分で確かめる。年間一千万台規模で生産するようになったからこそ、一台一台の感覚を大事にする。

本書の基となる新聞連載「時流の先へ　トヨタの系譜」の取材でも、トヨタ並みに現場感覚を重視したつもりだ。取材が動き始めた一三年夏ごろ、まだ大規模リコールの余波があり、東日本大震災による生産混乱や超円高といった逆風が吹き荒れていた。その危機から脱却しようとする姿は、倒産寸前に追い込まれた終戦直後のトヨタと重なる。担当記者は、現在と過去を往復しながらトヨタを立体的に取材していった。

本書を通し、登場人物たちはよく怒っている。私自身も、東日本大震災直後に章男社長に取材中、ひどくしかられたことがある。国内生産がまひし、円高も進んでおり「生産を海外に移すお考えは」と尋ねると、顔色が変わった。「日本がこれだけ大変なときに、地元紙の記者が聞く質問か」と一喝された。「そんなことより、生産復旧の現場を取材しろよ」とも言い渡された。頭でっかちな「現地現物が足りない」記者と判定されたのだろう。

翻って、この連載を担当した記者たちは、足を使って歴史を掘り起こしたという自負がある。「もうトヨタのことは書き尽くされただろう」という反応は強かったが、それでも足しげく通い、取材の趣旨を理解してもらう。当時の様子が目に浮かぶようになるまで、記録映画を撮るように、細かく話を聞き出した。その結果、章男社長をはじめ、多数のトヨタＯＢや関係者から、貴重な証言や資料提供をいただいた。多くの新事実の発掘につながり、その場にいなければ感じられない迫力を原稿にすることができ、担当記者には大きな自信となった。

取材にご協力いただいた皆さまには、この場を借りて厚く御礼申し上げたい。また連載当初から取材窓口として尽力をいただいた藤井英樹氏、松原秀明氏をはじめとするトヨタ広報部の方々にも、深く感謝したい。

中日新聞経済部デスク　阿部伸哉

■な行

■は行

■ま行

■や行

■ら行

索 引

社名・団体名

●な行

●は行

●ま行

●や行

●ら行

●わ行

索引

人名

●あ行

●か行

執筆者一覧

阿部伸哉、後藤隆行、太田鉄弥、池内琢、平井良信、中村彰宏、白石亘、
稲田雅文、今村節、小柳悠志、鈴木宏征、渥美龍太、石井宏樹、
斉場保伸（アメリカ総局）、吉枝道生（ニューヨーク支局）、長田弘己（同）

時流の先へ　トヨタの系譜

2015年4月 7 日　初版第一刷発行
2018年6月 9 日　初版第三刷発行

編　著　中日新聞社経済部
発行者　野嶋庸平
発行所　中日新聞社
〒460-8511　名古屋市中区三の丸一丁目6番1号
電話　052-201-8811（大代表）
052-221-1714（出版部直通）
郵便振替 00890-0-10
印　刷　図書印刷株式会社
装　丁　全並 大輝

ISBN978-4-8062-0682-8　C0034

定価はカバーに表示してあります。
落丁・乱丁本はお取り替えいたします。